数学实践与建模

主　编　刘法贵
副主编　张愿章

科学出版社
北京

内 容 简 介

本书旨在引导学生掌握数学实践与建模,以培养学生数学能力(实践能力、创新能力等),同时也旨在将数学工具软件与数学深度融合. 本书是在华北水利水电大学数学实践与建模讲义的基础上修改而成,内容包括MATLAB 简介及其应用、数学建模与论文写作、数学实践案例、几类常见的数学建模方法、智能算法. 在内容编排上,本书精选来自工程、经济、生活或医学等多个领域的实际问题,目的在于引导读者提升运用数学知识解决实际问题的实践能力和意识.

本书可作为高等院校非数学专业工科类、经济类等专业的数学实践或数学建模课程的教材,也可作为数学建模竞赛辅导的参考书,同时可供自学者阅读和有关人员参考.

图书在版编目(CIP)数据

数学实践与建模/刘法贵主编. —北京:科学出版社,2018
ISBN 978-7-03-058636-0

Ⅰ.①数⋯ Ⅱ.①刘⋯ Ⅲ.①数学模型—高等学校—教材 Ⅳ.①O141.4

中国版本图书馆 CIP 数据核字(2018) 第 198179 号

责任编辑:胡海霞 李香叶 / 责任校对:张凤琴
责任印制:师艳茹 / 封面设计:迷底书装

斜 学 出 版 社 出版
北京东黄城根北街 16 号
邮政编码:100717
http://www.sciencep.com

文林印务有限公司 印刷
科学出版社发行 各地新华书店经销

*

2018 年 8 月第 一 版 开本:720×1000 1/16
2019 年 4 月第二次印刷 印张:12 1/2
字数:252 000

定价:26.00 元
(如有印装质量问题, 我社负责调换)

《数学实践与建模》编写委员会

主　　编　刘法贵

副 主 编　张愿章

参编人员 （按姓氏笔画排序）

　　　　　李艳玲　张　玉　张洪瑞　岳红伟

　　　　　赵中建　黄春艳　彭高辉　程　鹏

前　言

　　数学实践与建模是在大学生学习高等数学、线性代数和概率论与数理统计等公共基础课程之后的一门数学实践课程, 旨在培养学生应用已掌握的数学知识建立数学模型、解决实际问题的能力, 同时也希望为学生提供利用数学工具软件来验证数学理论、解决数学实际问题的基本方法与技巧.

　　目前, 在数学教学活动中, 存在着重知识传授轻实践应用、重内容体系完整轻现代信息技术 (尤其是数学工具软件) 融合、重理论架构轻数学能力提升等现象, 因此, 为解决这些问题, 本书在内容组织与编排上作以下考虑: 一是充分考虑数学实践与应用, 这些实践与应用实例大都源自经济、工程技术、自然科学等方面的现实问题; 二是大部分实例应用数学工具软件实现, 以体现现代信息技术的融合; 三是精心选择一些典型实例, 以使得学生见识如何 "用好" 数学理论建立数学模型、解决实际问题.

　　数学实践和数学建模过程是一个创造性的过程. 学生参加数学实践活动和数学建模活动, 需要充分了解产生问题的实际背景及涉及的学科领域知识, 还要具有查阅大量文献资料、准确获取解决问题所需信息的能力; 需要充分了解现代数学多学科知识和数学方法, 把所掌握的数学理论创造性地解决具体问题, 构建其数学结构; 需要充分了解一套数学工具软件, 熟练地把现代信息技术应用于验证数学知识、解决实际问题; 需要充分了解撰写数学论文的基本架构, 把实践过程和结果完美地呈现出来. 因此, 数学实践与建模是培养学生实践能力与创新能力的一门重要课程.

　　本书在内容组织上, 首先介绍 MATLAB 软件的基本功能及数学基本问题的求解方法; 其次从简单的数学模型入手, 逐步引导读者向综合模型和方法过渡, 而没有把较多篇幅放在数学模型和方法的基本原理的阐述上, 读者可以根据自己的兴趣和特长及时补充相关知识背景; 最后介绍几种智能算法. 在讲授本书时, 教师可以根据学时、学分要求进行取舍.

　　在编写过程中, 编者参阅了众多专家学者的学术著作和教材, 并引用了部分原文及参考实例, 在此表示真挚谢意. 本书由刘法贵、张愿章组织, 张洪瑞、彭高辉、李艳玲、黄春艳、张玉、岳红伟、赵中建、程鹏 (排名不分先后) 等同志参与编写, 所有编写人员都是来自于数学教育和数学建模培训的一线教师, 语言和内容的组织尽量从学习者的需求出发, 习题设计也具有开放性, 有利于读者数学建模思维的培养和训练, 力求进一步提升学生的实践和创新能力.

　　感谢华北水利水电大学数学与统计学院的数学教师, 他们为本书的编写提出了很好的意见和建议, 也感谢科学出版社的昌盛同志和胡海霞同志, 他们为本书的出版提供了大力支持.

由于编者水平有限, 不周和不当之处在所难免, 敬请批评指正.

编　者

2018 年 4 月

目　　录

第1章　MATLAB 简介及其应用

MATLAB(Matrix Laboratory) 是由 MathWorks 公司开发的数学软件, 它是目前常用的数学软件之一, 主要面向科学计算、可视化、交互式程序设计的高性能计算环境, 它集数值分析、矩阵计算、数据可视化以及非线性动态系统建模和仿真等诸多功能于一体, 较好地解决了科学研究、工程计算与设计等重要的实践问题.

1.1　MATLAB 简介

1.1.1　MATLAB 窗口与菜单

系统启动 MATLAB 后, 进入 MATLAB 集成环境, 包括 MATLAB 主窗口、命令窗口 (Command Window)、工作空间 (Workspace) 窗口、当前目录 (Current Directory) 窗口、历史命令 (Command History) 窗口、编辑窗口与图形窗口等.

MATLAB主窗口是 MATLAB 的主要工作界面, 它嵌入了一些子窗口, 也包括菜单栏和工具栏. 菜单栏见表 1.1, 工具栏提供了 10 个命令按钮, 这些按钮均有对应的菜单命令, 但使用起来比菜单命令更快捷、方便.

表 1.1　菜单栏

File 菜单项	实现有关文件的操作
Edit 菜单项	用于命令窗口的编辑操作
Debug 菜单项	用于调试 MATLAB 程序
Desktop 菜单项	用于设置 MATLAB 的集成环境的显示方式
Window 菜单项	主窗口菜单栏上 Window 菜单项包含子菜单 Call all, 用于关闭所有打开的编辑器窗口
Help 菜单项	用于提供帮助信息

命令窗口是 MATLAB 的主要交互窗口, 用于输入命令并显示除图形之外的所有执行结果, 命令窗口中的 ">>" 为命令提示符, 在其后键入命令, 回车后, MATLAB 就会解释、执行所输入的命令, 并给出计算结果.

一般来说, 一个命令行输入一条命令, 并以回车结束. 但一个命令行也可以输入若干条命令, 各命令之间以逗号分开. 若前一命令后带有分号, 则逗号可以省略.

如果一个命令行很长, 一行之内写不下, 可以在该行最后加 "···" 回车换行, 续写命令. 例如,

>>x=1+2+3+4+5+6+···

+7+8+9；

工作空间窗口位于默认界面左上方窗口, 是 MATLAB 用于存储变量和结果的内存空间. 该窗口显示工作空间中所有变量的名称、大小、字节数和变量类型说明, 可对变量进行观察、编辑、保存和删除.

当前目录窗口位于默认 (Default) 界面左上方窗口, 用鼠标点击可切换到前台. 当前目录是指 MATLAB 运行文件时的工作目录, 只有在当前目录或搜索路径下的文件、函数可以运行或调用. 在当前目录窗口中可以显示或改变当前目录, 也可以显示当前目录下的文件并提供搜索功能.

在 MATLAB 命令窗口输入一条命令后, MATLAB 按照一定次序寻找相关文件, 基本的搜索过程是, 检查该命令是否是一个变量、内部函数、当前目录下的 M 文件、MATLAB 搜索路径中其他目录下的 M 文件.

用户可以将自己的工作目录列入 MATLAB 搜索路径, 从而将用户目录纳入 MATLAB 系统统一管理. 设置的方法: ① 用 path 命令设置搜索路径, path(path,' c:\ mydir'); ② 用对话框设置搜索路径, 在 MATLAB 的 File 菜单中点击 Set Path 命令或在命令窗口执行 Pathtool 命令, 将出现搜索路径设置对话框. 通过 Add Folder 或 Add with Subfolder 命令按钮将指定路径添加到搜索路径表中, 在修改搜索路径后, 需要保存搜索路径.

历史命令窗口会自动保留自安装起所用过的命令的历史记录, 且标明了使用时间, 从而方便用户查询, 通过双击命令可进行历史命令的再运行. 如果要清除这些历史记录, 可在 Edit 菜单中点击 Clear Command History 命令.

编辑窗口与图形窗口在命令窗口的菜单中直接点击 File-New-M-file, 打开一个编辑窗口. 通常, MATLAB 程序在这个窗口编写 M 文件, 保存后在命令窗口输入文件名执行运算.

在命令窗口点击 File-New-Figure, 可以打开一个图形窗口, 但通常在执行绘图命令时, 自动打开具有相关图形的图形窗口.

这些窗口都有菜单和工具栏, 其功能与 Word 等软件类似, 这里不再一一介绍.

1.1.2   变量与符号

MATLAB 中变量包括两类: 特殊 (系统) 变量 (表 1.2) 和用户变量. 特殊变量在工作空间观察不到, 系统启动后, 这些变量即时赋值, 直接调用.

用户变量总是以字母开头, 由字母、数字或下划线组成, 中间不能有空格, 字母有大写、小写区分. 例如, A2b 与 a2b 是两个不同的变量. 一般不能与特殊变量及内部函数名相同 (如果同名, 则特殊变量以及内部函数将改变其值). 用户变量保存在工作空间, 可随时调用, 用命令 who 或 whos 能查到它们的信息.

表 1.2   特殊变量

变量名	说明	变量名	说明
i 或 j	虚数单位 $\sqrt{-1}$	Inf	无穷大
pi	圆周率 π	NaN	无意义的数, 如 $\dfrac{0}{0}$ 等
eps	浮点数识别精度 $2^{-52} = 2.2204 \times 10^{-16}$	ans	表示结果的缺省变量名
realimin	最小正实数 $2^{-2^{10}} = 2.2251 \times 10^{-308}$	nargin	所用函数的输入变量数目
realmax	最大正实数 $2^{2^{10}} = 1\,7977 \times 10^{308}$	nargout	所用函数的输出变量数目

数学运算符、关系与逻辑运算符、常用标点符号与命令分别见表 1.3~表 1.5.

表 1.3   数学运算符

运算符	含义
+, -, *	加法、减法、乘法运算, 数与数、数与矩阵、矩阵与矩阵之间的相加、相减与相乘
/	除法运算, a/b 表示为 $\dfrac{a}{b}$ 或 ab^{-1} (对矩阵而言)
\	左除运算, $a \backslash b = \dfrac{b}{a}$ 或 $a^{-1}b$ (对矩阵而言)
.*	点乘运算, 一种数组运算, 表示同型数组 (矩阵) 之间对应元素相乘
./	点除运算, 一种数组运算, 表示同型数组 (矩阵) 之间对应元素相除
.^	点幂运算, 一种数组运算, a, k 为数时表示 a^k; a 为数组 (矩阵) 时, 表示数组 (矩阵) 中每个元素取 k 次幂
^	幂运算, a, k 为数时表示 a^k; a 为方阵时, 表示矩阵的 k 次幂

表 1.4   关系与逻辑运算符

关系运算符	含义	关系运算符	含义	逻辑运算符	含义
<	小于	>	大于	&	逻辑与
<=	小于等于	>=	大于等于	|	逻辑或
==	等于	~=	不等于	~	逻辑非

表 1.5   常用标点符号与命令

标点	意义
:	$a:b$ 表示生成公差为 1 的数组; $a:c:b$ 表示生成公差为 c 的数组
;	数组的行分隔符, 用于语句末尾表示不显示运算结果
,	变量、选项、语句之间的分隔符, 用于语句句末, 显示运算结果
( )	数组援引, 函数命令输入列表
[ ]	数组记号
{ }	元胞数组记录符
...	续行符, 用于句末, 表示本行输入未结束, 接下一行
%	注释符, 其后内容用于解释, 不参与运算
=	赋值符号
clear	清理内存命令
dir	显示目录下的文件

续表

标点	意义
type	显示文件内容
clf	清理图形内容
clc	清理工作窗口
save	保存内存变量到指定文件

关系与逻辑运算是元素之间的操作, 结果是特殊的逻辑数组 (矩阵). 值得注意的是, "=" 表示赋值, "==" 表示等于, 不可混淆. 在 MATLAB 中, "真 (True)" 用 1 表示, "假 (False)" 用 0 表示.

MATLAB 提供了一批产生矩阵的函数, 见表 1.6.

表 1.6   常用的产生矩阵的函数

zeros	产生零矩阵	diag	产生对角矩阵
ones	产生全 1 的矩阵	tril	取矩阵的下三角矩阵
eye	生成单位矩阵	triu	取矩阵的上三角矩阵
magic	生成魔术矩阵	pascal	生成 pascal 矩阵

例如, zeros(m,n) 生成 $m \times n$ 零矩阵. 矩阵也可以采用按行方式直接输入每个元素: 同一行中元素用逗号 "," 隔开, 也可以用空格隔开 (空格个数不限), 不同的行用分号 ";" 或回车分隔. 所有元素都位于 "[ ]" 内, 例如, A=[1,2,3;4,5,6;7,8,9] 或 A=[1 2 3;4 5 6;7 8 9] 都表示 $A = \begin{pmatrix} 1 & 2 & 3 \\ 4 & 5 & 6 \\ 7 & 8 & 9 \end{pmatrix}$.

1.1.3   函数与 M 文件

在 MATLAB 中, 除三角函数正常表示外, 通常反正弦、反余弦和反正切函数分别表示为 asin(x), acos(x), atan(x), 其他常用数学函数和测试函数见表 1.7.

表 1.7   常用数学函数和测试函数

函数	意义	函数	意义	函数	意义
exp(x)	指数函数 e^x	fix(x)	向 0 取整	ceil(x)	向 ∞ 取整
sqrt(x)	开方	floor(x)	向 $-\infty$ 取整	real(x)	复数实部
abs(x)	绝对值	round(x)	按四舍五入方式取整	image(x)	复数虚部
log(x)	自然对数	log10(x)	十进对数	angle(x)	复数幅值
sign(x)	符号函数	sum(x)	元素求和	conj(x)	复数共轭

除表 1.7 之外, mod(m,n) 表示 m 除以 n 得到的在 0 与 $n-1$ 之间的余数, rem(m,n) 表示 m 除以 n 得到的余数, 余数符号同 m.

复杂的程序在命令窗口调试、保存很不方便, 一般使用程序文件. 最常见的是 M 文件, 它可以在编辑窗口编写保存, 也可以在任何文本编辑菜单中编写, 且以"m"作为扩展名存盘, 即"文件名.m".

M 文件分为两类: 脚本文件 (script file) 和函数文件 (function file). 将多条 MATLAB 语句按要求写在一起, 并以扩展名为"m"的文件存盘即构成一个 M 脚本文件. 如果利用 MATLAB 的编辑器编写并存盘, MATLAB 自动加上扩展名. 需要注意的是, M 脚本文件的命名与变量命名规则相仿, 但文件名不区分大小写; 要防止文件名与已有变量名、函数名和 MATLAB 系统保留名等冲突.

建立 M 文件有 3 种方法, 一是从 MATLAB 主窗口 File 菜单中选择 New 菜单项, 再选择 M-File 命令, 出现 MATLAB 文本编辑器窗口; 二是在 MATLAB 命令窗口输入命令 edit, 启动 MATLAB 文本编辑器; 三是单击 MATLAB 主窗口工具栏上的 New M-File 命令按钮, 启动 MATLAB 文本编辑器.

打开已建立的 M 文件同样有 3 种方法: 一是在 MATLAB 主窗口中的 File 菜单中选择 Open 命令, 在对话框中选中并打开 M 文件; 二是在 MATLAB 命令窗口输入命令 edit 文件名, 则打开指定的 M 文件; 三是单击 MATLAB 主窗口工具栏上 Open File 命令按钮, 再从弹出的对话框中选中所需文件.

例 1.1　建立 $f(x) = \dfrac{x^3 - 2x^2 + x - 6.3}{x^2 + 0.05x - 3.14}$ 的 M 文件 fun0.m, 并计算 $f(1)f(2) + f^2(3)$.

```
function Y=fun0(x)
Y=(x^3-2*x^2+x-6.3)/(x^2+0.05*x-3.14);
```

在指令窗口运行以下指令:

```
>> fun0(1)*fun0(2)+fun0(3)*fun0(3)
ans=-12.6023
```

1.1.4　程序控制结构

1. 输入输出语句

数据的输入可以使用 input 函数从键盘输入, 调用格式为 A=input(提示信息, 选项), 其中提示信息为一个字符串, 用于提示用户输入什么样的数据. 当调用 input 函数时采用"s"选项, 则允许用户输入一个字符串.

数据的输出可以用 disp 函数输出, 调用格式为 disp(输出项), 其中输出项既可以是字符串, 也可以是矩阵.

程序的暂停可以使用 pause 函数, 调用格式为 pause(延迟秒数). 如果省略延迟时间, 则将暂停程序, 用户直接按任意键后程序继续执行. 若要强行中止程序运行可使用 Ctrl+C 命令.

例 1.2   输入语句:

输入数值

```
>> x=input('please input a number:')
please input a number: 22
x=22
```

输入字符串

```
>> x=input('please input a string:','s')
please input a string: this is a string
x= this is a string
```

输出语句:

```
>> disp(23+454-29*4)
361
>> disp([1,2,3;4,5,6])
1 2 3
4 5 6
>> disp('this is a string')
this is a string
```

2. 选择结构

(1) 单分支 if 语句

$$if \quad 条件$$
$$语句组$$
$$end$$

当条件成立时, 执行语句组, 执行结束后继续执行 if 语句的后继语句; 若条件不成立, 则直接执行 if 语句的后继语句.

(2) 多分支 if 语句

$$if \quad 条件 1$$
$$语句组 1$$
$$else \ if \quad 条件 2$$
$$语句组 2$$
$$\cdots\cdots$$

$$\text{else if} \qquad \text{条件 } m$$
$$\text{语句组 } m$$
$$\text{else}$$
$$\text{语句组 } m+1$$
$$\text{end}$$

例 1.3　一元二次方程 $ax^2+bx+c=0$ 的解为 $x=\dfrac{-b\pm\sqrt{P}}{2a}$, 这里 $P=b^2-4ac$ 为根的判别式. MATLAB 语句为

```
if P<0
    disp('This equation has two complex roots')
else if P==0
    disp('This equation has two identical real roots')
else
    disp('This equation has two distinct real roots')
end
```

(3) switch 语句

根据表达式取值的不同, 分别执行不同的语句, 其格式为

$$\text{switch} \qquad \text{表达式}$$
$$\text{case} \qquad \text{表达式 } 1$$
$$\text{语句组 } 1$$
$$\cdots\cdots$$
$$\text{case} \qquad \text{表达式 } m$$
$$\text{语句组 } m$$
$$\text{otherwise}$$
$$\text{语句组 } n$$
$$\text{end}$$

当表达式的值等于表达式 1 的值时, 执行语句组 1, 当表达式的值等于表达式 2 的值时, 执行语句组 2, $\cdots$, 当表达式的值等于表达式 m 的值时, 执行语句组 m. 当表达式的值不等于 case 所列表达式的值时, 执行语句组 n, 任意一个分支语句执行结束后, 直接执行 switch 语句的下一句.

(4) try 语句

$$\text{try} \quad \text{语句组 } 1$$
$$\text{catch} \quad \text{语句组 } 2$$
$$\text{end}$$

　　try 语句先试探性执行语句组 1, 如果语句组 1 在执行过程中出现错误, 则将错误信息赋给保留的 lasterr 变量, 并转去执行语句组 2, try 语句常用于程序调试.

　　3. 循环语句

　　(1) for 语句的格式

$$\text{for} \quad \text{循环变量} = \text{表达式 1: 表达式 2: 表达式 3}$$
$$\text{循环体语句}$$
$$\text{end}$$

其中表达式 1 为循环变量的初值, 表达式 2 为步长, 表达式 3 为循环变量终值. 步长为 1 时, 表达式 2 可省略.

　　例 1.4　计算 $\displaystyle\sum_{n=1}^{100} n$, 语句如下.

```
s=0;
for n=1:100
    s=s+n;
end
s
```

运行结果为 5050.

　　for 语句更一般的格式为

$$\text{for} \quad \text{循环变量} = \text{矩阵表达式}$$
$$\text{循环体语句}$$
$$\text{end}$$

　　执行过程中是依次将矩阵的各列 (视为元素) 赋给循环变量, 然后执行循环体语句. 例如, 计算 $n!$:

```
n=input('enter n=')
n_factorial=1;
for i=1:n
    n_factorial=n_factorial*i;
end
```

　　例 1.5　"水仙花数"是指一个三位数, 其各位数字立方和等于该数本身, 例如 $153 = 1^3 + 5^3 + 3^3$. 求所有水仙花数的程序语句为

```
n=[ ];    i=0;
```

```
for a=1:9 % a 表示百位上的数字
    for b=0:9 % b 表示十位上的数字
        for c=0:9 % c 表示个位上的数字
            if a*100+b*10+c==a^3+b^3+c^3
                i=i+1;  n(i)=a*10^2+b*10+c;    % 记录一个水仙花数
            end
        end
    end
end
n    % 显示所有水仙花数
```

程序运行结果为 153, 370, 371, 407.

(2) while 语句一般格式为

$$\text{while} \quad (条件)$$
$$循环体语句$$
$$\text{end}$$

若条件成立, 则执行循环体语句, 执行后再判断条件是否成立. 若不成立则跳出循环.

(3) break 语句和 continue 语句. break 当在循环体内执行到该语句时, 程序将跳出循环, 执行循环语句的下一句. continue 当循环体执行到该语句时, 程序将跳出循环体中剩下的语句, 执行下一次循环. 它们一般与 if 语句配合使用.

(4) 循环的嵌套. 如果一个循环结构的循环体又包含一个循环结构, 就称循环的嵌套, 或称多重循环结构.

1.1.5 MATLAB 帮助系统

进入帮助窗口有 3 种方式, 一是单击工具栏 Help 按钮; 二是命令窗口输入 helpwin, helpdesk 或 doc; 三是选择 Help 菜单中的 MATLAB Help 选项.

MATLAB 帮助命令包括 help, lookfor 和模糊查询.

直接输入 help 命令将会显示当前帮助系统中所包含的所有项目, 以及搜索路径中所有的目录名称. 同样, 可以通过 help 加函数名显示该函数的帮助说明.

help 命令仅搜索出那些关键字完全匹配的结果, lookfor 命令对搜索范围内的 M 文件进行关键字搜索, 条件比较宽松, 但是 lookfor 只对 M 文件的第一行进行关键字搜索.

MATLAB 提供了一种类似模糊查询的命令查询方法, 用户只需要输入命令的前几个字母, 然后按 Tab 键, 系统就会列出所有含当期几个字母开头的命令.

1.1.6　MATLAB 绘图

MATLAB 绘图命令为 plot 函数. 2 维图形基本命令为 plot(x, y), 3 维图形基本命令为 plot3(x,y,z), mesh(x,y,z,c) 为画出颜色由 c 指定的 3 维网格图, 也可以用格式 plot(x1,y1,x2,y2,···) 把多条曲线画在同一坐标系下.

在执行 plot 函数时, 显示的图像需要标记标题、坐标轴、网格线, 其命令分别为 title, xlabel, ylabel, grid, 其中 grid on 代表在图像中出现网格线, grid off 代表去除网格线. 关于图形颜色和图线形态命令见表 1.8.

表 1.8　plot 函数绘图的参数

字元	y	k	w	b	g	r	c	m
图形颜色	黄色	黑色	白色	蓝色	绿色	红色	亮青色	锰紫色
字元	.	○	x	+	*	-	..	-.	- -
图线形态	点	圆	X 形	+	*	实线	点线	点虚线	虚线

例如, 绘制 $y = x^2 - 10x + 15$ 在区间 $[0, 10]$ 上具有标题、标签和网格线的函数图像 (图 1.1).

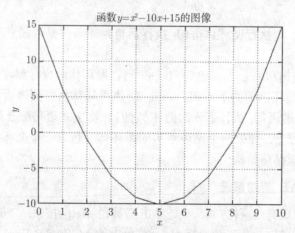

图 1.1　具有标题、标签、网格线的图像

```
>>x=[0:1:10];    % 产生 x 轴数据
>>y=x.^2-10*x+15;    % 产生 y 轴数据
>>plot(x,y);
>>title('函数y = x^2-10*x+15的图像');    % 添加标题
>>xlabel('x');    % 添加横坐标
>>ylabel('y');    % 添加纵坐标
>>grid on;      % 绘制网格图
```

绘图的其他命令:

bar,barh——绘制条形图; pie——绘制饼图; area——2 维图形的填充区域; stem——绘制离散序列数据图; stairs——绘制梯形图; hist——绘制柱状图.

1.1.7   初学者的几个提醒

初学 MATLAB, 为避免一些常见错误, 给出以下提醒:

(1) 所有输入 (除注释符%后) 内容必须是在英文状态下的字母、符号、数字;

(2) 所有命令必须符合其格式要求;

(3) 进行新的运算或运行新的程序应当用 clear 清除以前留存在工作空间的变量;

(4) 需要用数组运算的场合 (如用 plot 作图时的函数表达式) 必须用点运算;

(5) 在 while 循环中, 条件判断表达式的值要及时更新;

(6) 各种括号必须配对使用;

(7) 逻辑表达式相等应当用 "==", 而不是 "=";

(8) 矩阵加减, 或向矩阵添加行、列时, 行、列必须匹配.

1.2   一元函数微积分应用举例

1.2.1   函数的极限

MATLAB 关于极限的命令主要包括:

syms x   % 将 x 定义为符号变量;

limit(f,x,a)   % 当 $x \to a$ 时函数 f 的极限;

limit(f,x,inf)   % 当 $x \to \infty$ 时函数 f 的极限;

limit(f,x,a,'right')   % 当 $x \to a^+$ 时函数 f 的右极限;

limit(f,x,a,'left')   % 当 $x \to a^-$ 时函数 f 的左极限.

例 1.6   求下列极限:

(1) $\lim\limits_{x \to \infty} x \left(1 + \dfrac{a}{x}\right)^x \sin \dfrac{b}{x}$;   (2) $\lim\limits_{x \to 0^+} \dfrac{e^{x^3} - 1}{1 - \cos(\sqrt{x - \sin x})}$.

解   (1) syms x a b;

f=x*(1+a/x)^x*sin(b/x);

limit(f,x,inf)

运算结果为 exp(a)*b.

(2) syms x;

y1=exp(x^3); y2=cos(sqrt(x-sin(x))); f=(y1-1)/(1-y2);

limit(f,x,0,'right')

得到结果为 12.

1.2.2　一元函数微分

MATLAB 中关于导数的命令为

syms x;

diff(f)　% 对函数 f 求一阶导数;

diff(f,x,n)　% 对函数 f 关于 x 求 n 阶导数.

如果没有 syms 的定义, diff 表示数值差分运算.

例 1.7　求 $y = x^{x^x}$ 的一阶导数和 $y = x^3 \exp(5x)$ 的五阶导数.

解　(1) syms x;

y=(x^x)^x;

yx=diff(y)

(2) syms x y;

y=x^3*exp(5*x);

y1=diff(y); y2=diff(y,x,5);

simple(y1); simple(y2);　% 分别化简一阶导数和五阶导数.

例 1.8　求数值 $x = (2, 7, 3, 8, 8)$ 的一阶差分.

解　x=[2 7 3 8 8]; diff(x)

结果为 5　−4　5　0.

1.2.3　一元函数积分

MATLAB 有关积分的命令为

syms x;

int(f)　% 函数 f 关于默认变量 t 的不定积分;

int(f,x)　% 函数 f 关于变量 x 的不定积分;

int(f,x,a,b)　% 函数 f 关于积分变量 x 的定积分, a 为下限, b 为上限;

quad(f,x,a,b,tol)　% 抛物线积分法, f 为被积函数, a, b 分别为下限、

上限, tol 为积分精度, 缺省为 10^{-3};

quadl(f,x,a,b,tol)　% 抛物线积分法, f 为被积函数, a, b 分别为下限、

上限, tol 为积分精度, 缺省为 10^{-6}.

必须指出的是, 在初等函数范围内, 不定积分有时是不存在的. 例如, $\dfrac{\sin x}{x}$, $\dfrac{e^x}{x}$ 等, 其不定积分均无法利用初等函数表达出来. 输入命令 int(sin(x)/x, x), 显示结果为 sinint(x).

例 1.9　计算不定积分 $\displaystyle\int \mathrm{e}^{5x} \sin 4x \mathrm{d}x$.

解　输入命令:

```
clear;syms x;y=exp(5*x)*sin(4*x);  f=int(y,x)
```

计算结果为 $-(\exp(5*x)*(4*\cos(4*x)\text{-}5*\sin(4*x)))/50$.

例 1.10　计算定积分: $y_1 = \displaystyle\int_0^b \cos ax \mathrm{d}x,\ y_2 = \int_4^{+\infty} \frac{1}{x^2 + 2x + 1} \mathrm{d}x, y_3 = \displaystyle\int_1^2 \frac{\sin(x-1)}{x-1} \mathrm{d}x$.

解　输入命令:

```
syms x a b;
y1=int(cos(a*x),x,0,b); y2=int(1/(x^2+2*x+1),x,4,inf);
y3=int(sin(x-1)/(x-1),x,1,2);
```

计算结果为 y1=sin(a*b)/a, y2=1/5, y3=sinint(1).

第 3 个积分无法用初等函数表示,如果想得到它的 10 位有效数字近似值, 可以输入命令 vpa(y3, 10), 得到0.946083.再如, 计算 $\displaystyle\int_{-1}^2 \mathrm{e}^{-x^2} \mathrm{d}x$, 输入命令 int(exp(-x^2), x, -1, 2), 得到 (piˆ(1/2)*(erf(1)+erf(2)))/2, 要想得到其近似值,输入 vpa(ans,10), 得到 1.6289055254. 广义积分一般利用此法计算其近似值, 例如, $\displaystyle\int_{-\infty}^{+\infty} \mathrm{e}^{\cos x - x^2} \mathrm{d}x$, $\displaystyle\int_0^1 \frac{1}{\sqrt{2x}(1+\sin x)} \mathrm{d}x$, 输入命令:

```
vpa(int(exp(cos(x)-x^2), x, -inf,inf),15),
vpa(int(1/(sqrt(2*x)*(1+sin(x))), x, 0,1),16),
```

分别得到 3.989812272586, 1.121913425790205.

1.2.4　常微分方程

MATLAB 求解常微分方程命令格式为

dsolve('eq1,eq2,$\cdots$','cond1,cond2,$\cdots$','v'), 其中 eq1, eq2, $\cdots$ 为给定的方程, cond1, cond2, $\cdots$ 为给定的定解条件, v 为方程的自变量 (如果没有指定, 系统默认自变量为 t).

注意 $y^{(n)}(x)$ 表示为 Dny, $y''(2) = 3$ 表示为 D2y(2)=3.

例 1.11　求微分方程的解:

(1) $\dfrac{\mathrm{d}y}{\mathrm{d}x} + 2xy = x\mathrm{e}^{x^2}$;　(2) $xy' + y - \mathrm{e}^x = 0, y(1) = 2\mathrm{e}$;　(3) $y'' - \mathrm{e}^{2y}y' = 0$.

解　(1) 输入 dsolve('Dy+2*x*y=x*exp(x^2)','x')

得到 C1*exp(-x^2)+(x^2*exp(-x^2))/2.

(2) 输入 dsolve('x*Dy+y-exp(x)=0','y(1)=2*E','x')

得到 (exp(1)+exp(x))/x.

(3) 输入 dsolve('D2y-exp(2*y)*Dy=0','x')

得到 C1*log((2*C1)/(exp(-4*C1*(C2+x/2))-1))/2.

1.2.5　级数

MATLAB 对于级数可调用 symsum 函数, 格式为

symsum(S,v,a,b),

其中 S 是级数的通项表达式, v 是求和变量, a,b 分别为求和的下限、上限, 这既可以求级数 $\sum\limits_{n=1}^{\infty} u_n$ 的部分和, 也可以判断级数的收敛性.

将函数 $f(x)$ 在点 $x=a$ 处展开为 $n-1$ 阶幂级数为 taylor(f,x,a,n).

例 1.12　求下列级数的部分和或和函数.

(1) $\sum\limits_{n=1}^{\infty} \dfrac{1}{2^n}$;　(2) $\sum\limits_{n=1}^{\infty} \dfrac{1}{n(n+1)}$;　(3) $\sum\limits_{n=1}^{\infty} \dfrac{x^n}{n2^n}$;　(4) $\sum\limits_{n=1}^{\infty} nx^n$.

解　(1) 输入 syms n; symsum(1/2^n,n,1,inf)

得到结果为 1, 说明该级数收敛.

(2) 输入 syms n; symsum(1/(n*(n+1)),n,1,inf)

得到结果为 1, 说明该级数收敛.

(3) 输入 syms n x; symsum(x^n/(n*2^n),n,1,inf)

得到结果为

piecewise([x==2,inf],[abs(x)<=2 and x~=2,-log(1-x/2)]).

(4) 输入 syms n x; symsum(n*x^n,n,1,inf)

得到 piecewise ([abs(x)<1, x/(x-1)^2]).

1.3　多元函数微积分应用举例

1.3.1　多元函数绘图

例 1.13　绘制曲面 $z = \dfrac{1}{3\sqrt{4\pi}} e^{-\frac{x^2+y^2}{5}}$ 在矩形区域 $D: -4 \leqslant x \leqslant 4, -5 \leqslant y \leqslant 5$ 内的图形.

解　输入命令:

```
clear;
a=-4:0.2:4; b=-5:0.2:5;
[x,y]=meshgrid(a,b);
z=exp(-(x.^2+y.^2)/5)/(3*sqrt(4*pi)); plot3(x,y,z)
```

结果如图 1.2 所示.

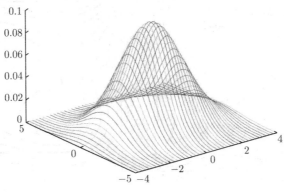

图 1.2　曲面图形

将函数 plot3(x,y,z) 改为 mesh(x,y,z), 则可以得到网状线表示的曲面, 若改为 surf(x,y,z), 则可以得到不同网状线表示的曲面.

例 1.14　绘制 $z = x^3 + y^3 - 6x - 6y$ 在 $-4 \leqslant x, y \leqslant 4$ 内的各种等高线.

解　输入命令:

```
clear;clf
[x,y]=meshgrid(-4:0.2:4);z=x.^3+y.^3-6.*x-6.*y;
figure(1),mesh(x,y,z)
figure(2),[c,h]=contour(x,y,z);
clabel(c,h)
figure(3)
hl=[-28 -16 -8 0 6 18 26];cl=contour(z,hl);
clabel(cl)
figure(4),contour(z)
figure(5),contour3(z,10)
```

绘图效果见图 1.3—图 1.7.

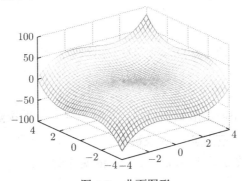

图 1.3　曲面图形

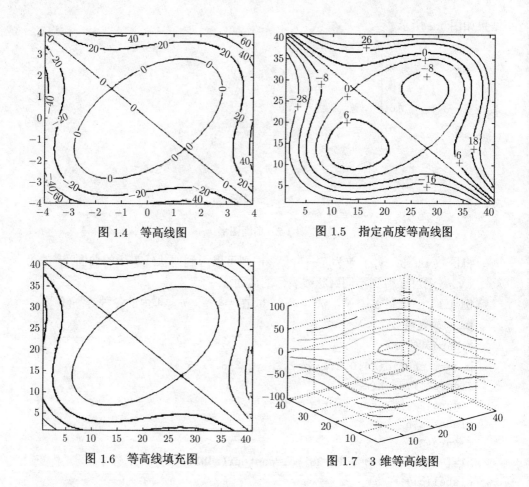

图 1.4　等高线图　　　　　　　　　　　　图 1.5　指定高度等高线图

图 1.6　等高线填充图　　　　　　　　　　图 1.7　3 维等高线图

1.3.2　多元函数微分

例 1.15　求极限 $\lim\limits_{(x,y)\to(0,0)} \dfrac{1-\cos(x^2+y^2)}{(x^2+y^2)\mathrm{e}^{x^2y^2}}$.

解　输入命令:

```
syms x y;
y1=1-cos(x^2+y^2); y2=(x^2+y^2)*exp(x^2*y^2);
limit(limit(y1/y2,0),0)
```

结果为 0.

注意 MATLAB 不能求形如 $\lim\limits_{(x,y)\to(0,0)} \dfrac{1-\sqrt{xy+1}}{xy}$ 的极限, 因为在第一次让 $x\to 0$ 的同时消掉了 y, 无法再对 y 求极限.

例 1.16　求函数 $z=x^6-3y^4+2x^2y^2$ 的偏导数 z_x, z_y, z_{xx}, z_{xy}.

解　输入命令:

```
clear
syms x y;
f=x^6-3*y^4+2*x^2*y^2;
zx=diff(f,x); zy=diff(f,y);
zxx=diff(f,x,2); zxy=diff(zx,y)
```

得到结果为zx=6*x^5+4*x*y^2, zy=-12*y^3+4*x^2*y,

zxx=30*x^4+4*y^2, zxy=8*x*y

1.3.3 多元函数积分

不论是重积分还是线面积分, 最后都归于定积分进行计算, 因此, 在计算时, 都需先进行化简, 再利用 MATLAB 进行计算. 例如,

$$\iint_D f(x,y)\mathrm{d}\sigma = \int_a^b \mathrm{d}x \int_{y_1(x)}^{y_2(x)} f(x,y)\mathrm{d}y \text{ 或 } \iint_D f(x,y)\mathrm{d}\sigma = \int_c^d \mathrm{d}y \int_{x_1(y)}^{x_2(y)} f(x,y)\mathrm{d}x,$$

则通过输入

```
int(int(f(x,y),y,y1(x),y2(x)),x,a,b)
```

或

```
int(int(f(x,y),x,x1(y),x2(y)),y,c,d)
```

计算之. 利用 int 计算出来的是精确值, 也可利用 dblquad 或 vpa 计算近似值.

例 1.17 计算 $\iint_D \mathrm{e}^{-x^2-y^2}\mathrm{d}\sigma$, 其中区域 D 由曲线 $2xy = 1, y = \sqrt{2x}, x = 2.5$ 所围成.

解 通过分析, 二重积分可化为

$$\iint_D \mathrm{e}^{-x^2-y^2}\mathrm{d}\sigma = \int_{0.5}^{2.5} \mathrm{d}x \int_{y_1(x)}^{y_2(x)} \mathrm{e}^{-x^2-y^2}\mathrm{d}y, \quad y_1(x) = \frac{1}{2x}, \quad y_2(x) = \sqrt{2x}.$$

因此, 输入命令:

```
syms x y;
y1=1/(2*x); y2=sqrt(2*x); f=exp(-x^2-y^2);
fy=int(f,y,y1,y2);fx=int(fy,x,0.5,2.5);
j=vpa(fx)
```

计算结果为0.124127988.

例 1.18 计算三重积分 $\int_0^1 \mathrm{d}x \int_0^{1-x} \mathrm{d}y \int_0^{1-x-y} \frac{1}{(1+x+y+z)^3}\mathrm{d}z$.

解 输入命令:

```
syms x y z; int(int(int((1+x+y+z)^(-3),z,0,1-x-y),y,0,1 -x),x, 0,1)
```

计算结果为0.034073590279972.

例 1.19　　计算下列曲线积分.

(1) $\int_L y^2 \mathrm{d}s$, 其中 L 为曲线 $x^2 + y^2 = 1$ 在第一象限的部分;

(2) $\int_L \dfrac{x+y}{x^2+y^2}\mathrm{d}x - \dfrac{x-y}{x^2+y^2}\mathrm{d}y$, 其中 L 为正向圆周 $x^2 + y^2 = a^2$.

解　　(1) 曲线的参数形式为 $x = \cos t, y = \sin t, \ 0 \leqslant t \leqslant \dfrac{\pi}{2}$, 因此, 曲线积分可化为 $\int_0^{\frac{\pi}{2}} \sin^2 t \, \mathrm{d}t$. 于是, 输入命令:

```
syms t; int(sin(t)^2,t,0,pi/2)
```

计算结果为 $\dfrac{\pi}{4}$.

(2) 圆周的参数方程 $x = a\cos t, y = a\sin t \ (0 \leqslant t \leqslant 2\pi)$. 以下输入方式的计算结果为 2π.

```
syms t; syms a positive; x=a*cos(t);y=a*sin(t);
F=[(x+y)/(x^2+y^2),-(x-y)/(x^2+y^2)];ds=[diff(x,t);diff(y,t)];
I=int(F*ds,t,2*pi,0)  % 正向圆周
```

例 1.20　　计算下列曲面积分.

(1) $I_1 = \iint_\Sigma xyz \mathrm{d}S, S$ 由四个平面 $x = 0, y = 0, z = 0, x + y + z = a \ (a > 0)$ 所围曲面外侧;

(2) $I_2 = \iint_\Sigma (xy + z)\mathrm{d}x\mathrm{d}y$, 其中 Σ 为椭球面 $\dfrac{x^2}{a^2} + \dfrac{y^2}{b^2} + \dfrac{z^2}{c^2} = 1$ 的上半部的上侧.

解　　(1) 记四个平面分别为 S_1, S_2, S_3, S_4, 则 $I_1 = \iint_{S_1} + \iint_{S_2} + \iint_{S_3} + \iint_{S_4} xyz \mathrm{d}S.$ 由于在 S_1, S_2, S_3 上被积函数为 0, 所以, 其积分也为 0. 下面只需考虑平面 S_4 上的积分. 输入如下 MATLAB 命令, 得到 1/120*3^(1/2)*a^5 $\left(\text{即} \dfrac{\sqrt{3}a^5}{120}\right)$.

```
syms x y;syms a positive; z=a-x-y;
I1=int(int(x*y*z*sqrt(1+diff(z,x)^2+diff(z,y)^2),y,0,a-x),x,0,a).
```

(2) 引入参数方程

$$x = a\sin u\cos v, \quad y = b\sin u\sin v, \quad z = c\cos u \quad \left(0 \leqslant u \leqslant \frac{\pi}{2}, 0 \leqslant v \leqslant 2\pi\right).$$

这样, 积分

$$I_2 = \int_0^{2\pi} \mathrm{d}v \int_0^{\frac{\pi}{2}} (x(u,v)*y(u,v) + z(u,v)) \begin{vmatrix} x_u & x_v \\ y_u & y_v \end{vmatrix} \mathrm{d}u.$$

```
syms u v; syms a b c positive;
x=a*sin(u)*cos(v);y=b*sin(u)*sin(v);z=c*cos(u);
R=x*y+z;C=diff(x,u)*diff(y,v)-diff(x,v)*diff(y,u);
```

I2=int(int(R*C,u,0,pi/2),v,0,2*pi)

计算结果为 (2*pi*a*b*c)/3.

1.4 线性代数应用举例

MATLAB 关于矩阵常见的主要命令罗列如下:

A±k 表示矩阵 A 的每个元素加减数 k;

A.*B 表示矩阵 A 的对应元素与矩阵 B 的对应元素相乘;

A./B 表示矩阵 A 的对应元素与矩阵 B 的对应元素相除;

A' 表示矩阵 A 的共轭转置;

inv(Λ) 表示求矩阵 A 的逆, 也可表示为 A^(-1);

sqrt(A) 表示矩阵 A 的每个元素开方;

A(i,:) 表示提取 A 的第 i 行, A(:, j) 表示提取 A 的第 j 列;

rank(A) 得到矩阵 A 的秩;

rref(A) 得到矩阵 A 的行最简形;

null(A) 得到系数矩阵为 A 的齐次方程组基础解系;

null(A,'r') 得到系数矩阵为 A 的齐次方程组有理形式的基础解系;

eig(A) 表示矩阵 A 的特征值;

[a,b]=eig(A) 表示矩阵 A 的特征向量矩阵和对应特征值组成的对角矩阵.

例 1.21 解方程组:

$$(1)\begin{cases} x_1 + x_2 + x_3 + x_4 = 5, \\ x_1 + 2x_2 - x_3 + 4x_4 = -2, \\ 2x_1 - 3x_2 - x_3 - 5x_4 = -2, \\ 3x_1 + x_2 + 2x_3 + 11x_4 = 0; \end{cases} \qquad (2)\begin{cases} x_1 - x_2 + x_3 - x_4 = 1, \\ -x_1 + x_2 + x_3 - x_4 = 1, \\ 2x_1 - 2x_2 - x_3 + x_4 = -1. \end{cases}$$

解 (1) 原方程组简写为 $Ax = b$, 输入命令:

```
clear;
A=[1 1 1 1;1 2 -1 4;2 -3 -1 -5;3 1 2 11];
b=[5;-2;-2;0]; B=[A,b];
rank(A); rank(B)
```

矩阵 A 与 B 的秩为 4, 方程组有唯一解, 因此输入命令 x=inv(A)*b 得到结果

1.0000

2.0000

3.0000

−1.0000

(2) 输入命令:

```
clear;
A=[1 -1 1 -1; -1 1 1 -1; 2 -2 -1 1];b=[1;1;-1];
B=[A,b]; rank(A); rank(B)
```

计算得到矩阵 A 与 B 的秩为 2, 有无穷多解, 需要知道对应齐次方程组通解和非齐次方程组一个特解. 输入命令:

```
x0=A\b;  %  得到原方程组的一个特解
x1=null(A);  %  得到对应齐次方程组的一个基础解系
```

得到 x0 和 x1 分别为 $\begin{matrix} 0 \\ 0 \\ 1 \\ 0 \end{matrix}$, $\begin{matrix} -0.5000 & 0.5000 \\ -0.5000 & 0.5000 \\ 0.5000 & 0.5000 \\ 0.5000 & 0.5000 \end{matrix}$. 因此, 方程组的通解为

$$x = \begin{pmatrix} 0 \\ 0 \\ 1 \\ 0 \end{pmatrix} + k_1 \begin{pmatrix} -0.5000 \\ -0.5000 \\ 0.5000 \\ 0.5000 \end{pmatrix} + k_2 \begin{pmatrix} 0.5000 \\ 0.5000 \\ 0.5000 \\ 0.5000 \end{pmatrix}.$$

例 1.22　已知 $A = \begin{pmatrix} 0 & -1 & 1 \\ -1 & 0 & 1 \\ 1 & 1 & 0 \end{pmatrix}$, 求一正交矩阵 P, 使得 $P^{-1}AP = B$ 为对角矩阵.

解　输入命令: A=[0 -1 1;-1 0 1;1 1 0]; [a,b]=eig(A);

```
P=orth(a);    %  将得到的特征向量矩阵单位正交化得到矩阵P
B=P'*A*P;    %  与矩阵 b 相互验证
```

结果为 $a = \begin{pmatrix} -0.5774 & -0.3938 & 0.7152 \\ -0.5774 & 0.8163 & -0.0166 \\ 0.5774 & 0.4225 & 0.6987 \end{pmatrix}$, $b = \mathrm{diag}(-2,1,1)$,

$P = \begin{pmatrix} 0.7152 & -0.5774 & -0.3938 \\ -0.0166 & -0.5774 & 0.8163 \\ 0.6987 & 0.5774 & 0.4225 \end{pmatrix}$, $B = \mathrm{diag}(1,-2,1)$.

例 1.23　求向量组 $a_1 = (1, -2, 2, 3)$, $a_2 = (-2, 4, -1, 3)$, $a_3 = (-1, 2, 0, 3)$, $a_4 = (0, 6, 2, 3)$, $a_5 = (2, -6, 3, 4)$ 的秩及一个极大线性无关组, 并将其余向量利用极大线性无关组表示.

解　将向量组排成矩阵, 并用 rref 命令化简, 输入命令:

```
a1=[1 -2 2 3]; a2=[-2 4 -1 3]; a3=[-1 2 0 3];
a4=[0 6 2 3]; a5=[2 -6 3 4];
A=[a1',a2',a3',a4',a5'];
format rat      % 以有理格式输出
B=rref(A)       % 求 A 的最简形
```

计算结果为 B=$\begin{array}{ccccc} 1 & 0 & 1/3 & 0 & 16/9 \\ 0 & 1 & 2/3 & 0 & -1/9 \\ 0 & 0 & 0 & 1 & -1/3 \\ 0 & 0 & 0 & 0 & 0 \end{array}$. 由此, 向量组的秩为 3, 其中 a_1, a_2, a_4 为

其一个极大线性无关组, 且

$$a_3 = \frac{1}{3}a_1 + \frac{2}{3}a_2, \quad a_5 = \frac{16}{9}a_1 - \frac{1}{9}a_2 - \frac{1}{3}a_4.$$

1.5 概率论与数理统计应用举例

1.5.1 MATLAB 中常用分布函数

MATLAB 提供了一些专用的工具箱 (toolbox), 如统计工具箱 (statistics toolbox), 其中包括了大量的函数, 可以直接求解概率论与数理统计领域的问题. 统计工具箱中 20 多种概率分布、几种常见分布及命令字符见表 1.9, 并对每种分布提供了五类函数 (表 1.10), 概率密度函数调用格式见表 1.11.

表 1.9 几种常见分布及其命令字符

常见分布	二项分布	泊松分布	均匀分布	指数分布	正态分布	χ^2 分布	t 分布	F 分布
命令字符	bino	poiss	unif	exp	norm	chi2	t	F

表 1.10 每种分布提供的五类函数及其命令字符

函数	概率密度函数 (分布律)	分布函数	分位数	均值与方差	随机数生成
命令字符	pdf	cdf	inv	stat	rnd

表 1.11 概率密度函数及其调用格式

函数名称及调用格式	常见分布	函数名称及调用格式	常见分布
binopdf(x,n,p)	二项分布	normpdf(x,mu,sigma)	正态分布
poisspdf(x,lambda)	泊松分布	chi2pdf(x,n)	χ^2 分布
unipdf(x,a,b)	均匀分布	tpdf(x,n)	t 分布
exppdf(x,theta)	指数分布	fpdf(x,n,m)	F 分布

例 1.24 计算下列各题.

(1) 设 $X \sim N(2, 0.5^2)$, 计算 $P(0 < X < 2), P(X \leqslant 4)$;

(2) 设 $X \sim P(6)$, 计算 $P(X \leqslant 2)$.

解　(1) 分别输入命令 normcdf(2,2,0.5)− normcdf(0,2,0.5), normcdf(4,2,0.5) 结果为 0.5; 1.0.

(2) 输入命令 p=poisscdf(2,6)

结果为 0.0620.

1.5.2　参数估计与假设检验

在 MATLAB 统计工具箱中, 把表 1.11 中 pdf 修改为 fit 即为相应总体参数估计的函数. 如对于正态总体, 命令格式为 [mu sigma muci sigmaci]=normfit(x, alpha). 其中 x 为样本观察值, alpha 为置信水平 (默认值为 0.05), 输出 mu 和 sigma 是总体均值 μ 和标准差 σ 的点估计, muci 和 sigmaci 是总体均值 μ 和标准差 σ 的区间估计. 当 X 为矩阵时, 输出为行变量.

例 1.25　表 1.12 是某地区 20 岁男生身高 (单位: cm), 若表中数据符合正态分布, 请根据表 1.12 计算男生身高的均值和标准差的点估计与置信水平为 0.95 的区间估计.

表 1.12　男生身高

179.2	175.7	168.5	172.0	174.1	177.2	170.3	176.2	163.7	175.4
163.3	181.0	176.5	178.4	165.1	171.1	172.8	176.4	175.5	173.7
174.8	172.3	169.3	172.8	176.4	163.7	177.0	165.9	177.1	167.4
174.0	174.3	184.5	171.9	180.4	167.8	176.4	172.4	180.3	164.5
161.2	173.5	181.4	164.6	166.3	179.5	179.6	171.6	168.7	172.9

解　输入命令:

```
x1=[179.2,175.7,168.5,172.0,174.1,177.2,170.3,176.2,163.7,175.4];

x2=[163.3,181.0,176.5,178.4,165.1,171.1,172.8,176.4,175.5,173.7];

x3=[174.8,172.3,169.3,172.8,176.4,163.7,177.0,165.9,177.1,167.4];

x4=[174.0,174.3,184.5,171.9,180.4,167.8,176.4,172.4,180.3,164.5];

x5=[161.2,173.5,181.4,164.6,166.3,179.5,179.6,171.6,168.7,172.9];

x=[x1,x2,x3,x4,x5];

[mu sigma muci sigmaci]=normfit(x,0.05)
```

结果为　mu=172.9720, sigma=5.5267, muci=(171.4013,174.5427), sigmaci=(4.6167, 6.8871).

(1) 在单个正态总体 $N(\mu, \sigma^2)$ 假设检验中, 当 σ^2 已知时, 利用 Z 检验法, 命令格式为 [h,sig,ci,z]=ztest(x,m,sigma,alpha,till). 其中 sigma 为已知标准差 σ, alpha 为

显著性水平 α, till 的默认值为 0, alpha 的默认值为 0.05, h 为一个布尔值, $h=0$ 表示在显著水平 α 下接受假设; $h=1$ 表示在显著性水平 α 下拒绝假设; $z=\dfrac{\bar{x}-m}{\sigma/\sqrt{n}}$ (n 为样本数据的个数), sig 是 z 统计量在假设成立时的概率, ci 是均值的置信水平为 $1-\alpha$ 的置信区间.

检验数据 x 关于均值的某一假设是否成立, 取决于 till 的取值: 当 till=0 时, 检验假设 x 的均值等于 m; 当 till=1 时, 检验假设 x 的均值大于 m; 当 till=-1 时, 检验假设 x 的均值小于 m.

(2) 在单个正态总体 $N(\mu,\sigma^2)$ 假设检验中, 当 σ^2 未知时, 用 t 检验法, 命令格式为 [h,sig,ci]=ttest(x,m,sigma,alpha,till), t 为统计量 $t=\dfrac{\bar{x}-m}{s/\sqrt{n}}$.

(3) 两个正态总体 $N(\mu_1,\sigma_1^2)$, $N(\mu_2,\sigma_2^2)$ 的均值 μ_1,μ_2 比较时的 t 检验, 其命令格式为 [h,sig,ci]=ttest2(x,y,sigma,alpha,till), 这里 t 的统计量 $t=\dfrac{\bar{x}-\bar{y}}{s\sqrt{1/n+1/m}}$, 其中 n 和 m 分别为数据 x,y 中的个数, $s^2=\dfrac{(n-1)s_1^2+(m-1)s_2^2}{n+m-2}$.

(4) 总体分布的检验, MATLAB 统计工具箱提供了分布的正态性检验命令: h=normplot(x). 若数据来自正态分布, 则图形显示直线形态, 否则显示曲线形态.

例 1.26　检验表 1.12 中的数据是否来自正态分布. 已知该地区 30 年前男生平均身高为 166cm, 为了正确回答男生身高是否发生了变化, 作假设检验: $H_0: \mu=166$; $H_1: \mu\neq 166$ ($\alpha=0.05$).

解　(1) 输入命令:

h1=jbtest(x) %　表示数据 x 服从正态分布检验的输入命令

结果为 h1=0, 表示通过了数据的正态性检验. 另外, 还可以通过正态概率图检验男生身高的数据的正态性. 输入命令为

normplot(x)

结果如图 1.8 所示.

由于男生身高的正态分布检验图显示出直线形态, 因此数据 x 近似服从正态分布.

(2) 输入命令:

[h,sig,ci]=ttest(x,166)

结果为 h=1, sig=6.4755e-008, ci=171.4013 174.5427.

以上结果表明, 拒绝 H_0, 说明男生身高发生了显著变化.

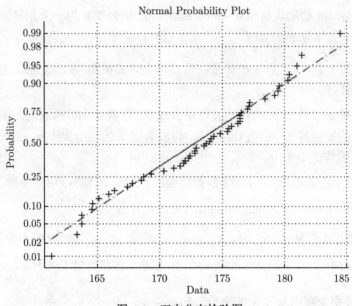

图 1.8　正态分布检验图

1.5.3　回归分析

一元线性回归的计算式

$$Y = b_0 + b_1 x + \varepsilon, \quad \varepsilon \sim N(0, \sigma^2)$$

称为一元线性回归模型, 其中 b_0, b_1, σ^2 为不依赖于 x 的未知参数, b_1 为回归系数. 回归命令为 regress.

(i) 求回归系数的点估计, 格式为 b=regress(Y, X);

(ii) 求回归系数的点估计与区间估计, 并检验回归模型, 格式为

[b,bint,r,rint,stats]=regress(Y,X,alpha)

(iii) 绘制残差及其置信区间, 格式为 recoplot(r, rint).

上述 X,Y,b 分别为 $X = \begin{pmatrix} 1 & x_1 \\ 1 & x_2 \\ \vdots & \vdots \\ 1 & x_n \end{pmatrix}, Y = \begin{pmatrix} y_1 \\ y_2 \\ \vdots \\ y_n \end{pmatrix}, b = \begin{pmatrix} b_0 \\ b_1 \end{pmatrix}$, alpha 为显

著性水平 (默认值为 0.05), b 和 bint 为回归系数的点估计和区间估计, r 和 rint 为残差及其置信区间, stats 用于检验回归模型, 有 4 个值: 第一个值是相关系数 R^2, 它越接近于 1, 说明回归方程越显著; 第二个值是 F 值, $F > F_\alpha(1, n-2)$, 则拒绝 H_0, F 越大说明回归方程越显著; 第三个值是与 F 对应的概率 p, $p < \alpha$ 时, p 越小, 回归模型越成功; 第四个值是 s^2(剩余方差), 它越小, 模型的精度越高.

例 1.27   适量饮用葡萄酒可以预防心脏病, 表 1.13 是 19 个国家一年葡萄酒的消耗量 (每人所饮用葡萄酒中所摄取酒精升数) 以及一年中因心脏病死亡的人数.

表 1.13   葡萄酒与心脏病数据

序号	国家	从葡萄酒中摄取的酒精/L	心脏病死亡率 (每 10 万人死亡人数)
1	澳大利亚	2.5	211
2	奥地利	3.9	167
3	比利时	2.9	131
4	加拿大	2.4	191
5	丹麦	2.9	220
6	芬兰	0.8	297
7	法国	9.1	71
8	冰岛	0.8	211
9	爱尔兰	0.7	300
10	意大利	7.9	107
11	荷兰	1.8	167
12	新西兰	1.9	266
13	挪威	0.8	277
14	西班牙	6.5	86
15	瑞典	1.6	207
16	瑞士	5.8	115
17	英国	1.3	285
18	美国	1.2	199
19	德国	2.7	172

数据来源:[美] 戴维. 统计学的世界. 北京: 中信出版社, 2003.

(1) 根据表 1.13 中数据作散点图;

(2) 求回归系数的点估计与区间估计 (置信水平为 0.95);

(3) 已知某国家成年人每年平均从葡萄酒中摄取 8L 酒精, 预测该国家心脏病的死亡率并作图.

解   (1) 记心脏病死亡率为 y, 摄取量为 x, 将 y 与 x 作散点图:

x=[2.5,3.9,2.9,2.4,2.9,0.8,9.1,0.8,0.7,7.9,1.8,1.9,0.8,6.5,1.6,5.8,
    1.3,1.2,2.7];

X=[ones(19,1),'x'];

y=[211,167,131,191,220,297,71,211,300,107,167,266,277,86,207,115,
    285,199,172];

plot(x,y,'r+')

结果如图 1.9 所示. 从中可以看出这 19 个点大致位于一条直线附近, 因此可以用一元线性回归方法确定回归系数的点估计和区间估计.

(2) 输入命令:

[b,bint,r,rint,stats]=regress(y',X,0.05)

结果为 b=266.163 −23.9506, bint=$\begin{matrix} 236.5365 & 295.7960 \\ -31.5691 & -16.3321 \end{matrix}$, stats=1.0e+0.03*(0.0007

0.0440　0.0000　1.4783) . 因此, $\bar{b}_0 = 266.163, \bar{b}_1 = -23.9506$; b_0, b_1 的置信水平为
0.95 的置信区间分别为 $(236.5365, 295.7960)$, $(-31.5691, -16.3321)$; $R^2 = 0.7, F = 44.0, p = 0, s^2 = 1478.3$. 结果说明回归模型

$$y = 266.163 - 23.9506x$$

成立.

(3) 输入命令:

z=266.163−23.9506*x; plot(x,y,'*',x,z,'r')

结果如图 1.10 所示.

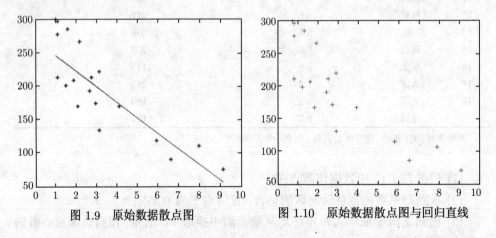

图 1.9　原始数据散点图　　　　　　图 1.10　原始数据散点图与回归直线

　　将一元线性回归的程序稍作修改, 就可以用于多元回归, 这里不再赘述, 读者
参阅相关参考书.

1.6　数 独 游 戏

　　数独游戏是流行的一种拉丁方块游戏, 可以视为锻炼大脑的好方法. 游戏的规
则是: 一个 9×9 大棋盘按九宫格 (9 个 3×3 小棋盘) 方式, 填写 1 到 9 若干个数
字. 每行、每列、每宫格所填数字没有重复. 例如, 在图 1.11(a) 中 0 为要求填写数
字, 图 (b) 为一个解答.

2	1	0	6	3	0	8	9	0
0	4	0	0	0	7	0	0	5
0	0	0	9	0	0	0	0	7
0	0	2	0	0	0	0	4	0
4	0	0	1	0	2	0	0	6
0	6	0	0	0	0	1	0	0
7	0	0	0	0	3	0	0	0
8	0	0	7	0	0	0	6	0
0	3	5	0	9	4	0	2	1

(a)

2	1	7	6	3	5	8	9	4
9	4	8	2	1	7	6	3	5
3	5	6	9	4	8	2	1	7
1	7	2	3	5	6	9	4	8
4	8	9	1	7	2	3	5	6
5	6	3	4	8	9	1	7	2
7	2	1	5	6	3	4	8	9
8	9	4	7	2	1	5	6	3
6	3	5	8	9	4	7	2	1

(b)

图 1.11　一个数独及解答

对于空格 (i,j), 只能填写第 i 行、第 j 列及 (i,j) 所占宫格未出现的数字, 如果发现某一空格无合适数字可填, 则游戏失败; 如果某一空格只有一个数字可填, 则此空格必须填该数字; 如果所有空格都有两个以上数字可填, 则有多种选择, 但不是每个选择都能成功. 程序 shuduku.m:

```
function result=shuduku(m)
while 1
    m0=ceil(m/9);
    l=81-sum(sum(m0));
    x=[ ]; flag=1;
    for k=1:1
    for i=1:9
      for j=1:9
        if m(i,j)==0
          k1=ceil(i/3);
          k2=ceil(j/3);
          m1=m(3*k1-2:3*k1,3*k2-2:3*k2);
          a=m(i,:); b=m(:,j)'; c(1:9)=m1;
          d=setdiff(1:9,union(union(a,b),c));
          if length(d)==0;
            flag=0;
            break
          elseif length(d)==1
            m(i,j)=d(1); x=[x;[i,j,d(1)]];
          else
            r=i; c=j; choise=d;
```

```
            end
         end
      end
   if flag==0
      break
   end
end
   if flag==0
      break
   end
end
if flag==0
   disp('Impossible to complete!')
   break
elseif all(all(m))==0
   break
   disp('Choose a number and fill into the blank square,
        tryagain!')
   m
   [r,c]
   choise
   r=input('r='); c=input('c='); m(r,c)=input('m(r,c)=');
else
   disp('Success!')
   result m;
   break
end
end
```

输入 m=[2 1 0 6 3 0 8 9 0; 0 4 0 0 0 7 0 0 5; 0 0 0 9 0 0 0 0 7;
       0 0 2 0 0 0 0 4 0; 4 0 0 1 0 2 0 0 6; 0 6 0 0 0 0 1 0 0;
       7 0 0 0 0 3 0 0 0; 8 0 0 7 0 0 0 6 0; 0 3 5 0 9 4 0 2 1]

m=[2 1 0 6 3 0 8 9 0; 0 4 0 0 0 7 0 0 5; 0 0 0 9 0 0 0 0 7;
   0 0 2 0 0 0 0 4 0; 4 0 0 1 0 2 0 0 6; 0 6 0 0 0 0 1 0 0;
   7 0 0 0 0 3 0 0 0; 8 0 0 7 0 0 0 6 0; 0 3 5 0 9 4 0 2 1]

运行 shuduku.m 即给出答案. 注意答案可能不唯一.

习 题 1

1. 编写 MATLAB 程序求解 $\sum\limits_{k=0}^{30} k^3$.

2. Fibonacci 数列元素满足 $a_{n+2} = a_n + a_{n+1}$ $(n = 1, 2, \cdots), a_1 = a_2 = 1$. 求该数列中第一个大于 10000 的元素.

3. 利用 MATLAB 验证高等数学、线性代数、概率论与数理统计中的部分定理、例题、习题.

4. 绘制曲面 $z = \dfrac{\sin\sqrt{x^2+y^2}}{\sqrt{1+x^2+y^2}}$ $(-30 \leqslant x, y \leqslant 30)$ 的图形.

5. 绘制抛物柱面、双曲面、椭圆球面等图形.

6. 已知 $f(x) = \dfrac{1}{\sqrt{2\pi}\sigma}\mathrm{e}^{-\frac{(x-\mu)^2}{2\sigma^2}}$, 分别在下列条件下画出 $f(x)$ 的图形.

1) $\sigma = 1$ 时, $\mu = 0, -1, 1$, 在同一坐标系里作图;

2) $\mu = 0$ 时, $\sigma = 1, 2, 4$, 在同一坐标系里作图.

7. 有一组学生的考试成绩 (表 1.14). 根据规定, 成绩在 100 分时为满分, 成绩在 90~99 时为优秀, 成绩在 80~89 分时为良好, 成绩在 60~79 分时为及格, 成绩在 60 分以下时为不及格, 编制一个根据成绩划分等级的程序.

表 1.14 学生成绩

学生	A	B	C	D	E	F	G	H	I	J
成绩	73	83	54	92	100	86	95	68	65	54

8. 根据学校平均学分绩点管理办法, 编制 MATLAB 程序, 计算平均学分绩点并对所在班级学生按照平均学分绩点排序.

第2章 数学建模与论文写作

数学是研究自然界数量关系和空间形式的科学, 它用数量关系和空间形式刻画自然界的内在规律, 用简洁和优美的公式与定理揭示世界的本质, 用严谨的语言和逻辑调适人们的思维秩序. 数学建模是数学实践的重要内容之一, 是数学实践、数学应用的深化与提升, 是联系数学与应用的重要桥梁.

2.1 数 学 建 模

2.1.1 数学模型与数学建模

数学模型是对工程技术、经济社会和现实生活等领域中的实际问题, 利用数学知识、数学思想方法, 通过一些必要的简化和假设, 运用数学语言、数学符号和数学公式建立的数学结构. 简单地讲, 数学模型就是用数学语言、符号和公式将实际问题"翻译"成数学问题. 建立数学结构的过程 (或者翻译的过程), 通常称之为数学建模.

例如, 古老的百鸡问题: 今有鸡翁一, 值钱五; 鸡母一, 值钱三, 鸡雏三, 值钱一. 凡百钱买鸡百只, 问鸡翁、母、雏各几何?

设鸡翁、鸡母、鸡雏的只数分别为 x_1, x_2, x_3(均为非负整数), 则有线性方程组

$$\begin{cases} x_1 + x_2 + x_3 = 100, \\ 5x_1 + 3x_2 + \dfrac{1}{3}x_3 = 100. \end{cases}$$

求解方程组, 得到 $x_1 = -100 + \dfrac{4}{3}x_3$, $x_2 = 200 - \dfrac{7}{3}x_3$. 由于 x_1, x_2, x_3 均为非负整数, x_3 能被 3 整除, 因此 x_3 应满足 $75 \leqslant x_3 \leqslant 85$. 于是, 有以下四组结果:

$$\begin{cases} x_1 = 0, \\ x_2 = 25, \\ x_3 = 75; \end{cases} \quad \begin{cases} x_1 = 4, \\ x_2 = 18, \\ x_3 = 78; \end{cases} \quad \begin{cases} x_1 = 8, \\ x_2 = 11, \\ x_3 = 81; \end{cases} \quad \begin{cases} x_1 = 12, \\ x_2 = 4, \\ x_3 = 84. \end{cases}$$

由于现实中的实际问题存在极大差异, 决定了数学模型没有统一的分类标准和方法. 当然, 也有一些约定的分类方法. 例如, 根据数学学科分支可以分为几何模型、微分模型、随机模型等, 也可分为线性模型和非线性模型, 还可以分为连续模型和离散模型.

由于实际问题是多种多样的, 数学建模的目的也各不相同, 因此分析的方法、运用的数学工具也不尽相同. 我们不能指望归纳出建模准则, 适用于一切实际问题的数学建模. 抛开具体问题, 从方法论的角度而言, 可给出数学建模的一些基本方法.

(1) 机理分析法. 机理是指事物变化的理由与道理, 根据对事件特性的认识, 找出反映内部机理的数量规律. 机理分析没有统一的方法, 主要通过实例进行研究.

(2) 测试分析法. 将对象看作"黑箱", 通过对量测数据进行统计分析, 找出与数据拟合相对较好的模型.

有些问题可能会采用二者结合, 即用机理分析建立模型结构, 用测试分析确定模型参数.

(3) 计算机仿真法. 如果系统中存在众多随机不确定因素, 难以构造机理性的数学模型或难以利用数据建模, 可以采用计算机仿真的方法得到系统的动态特性, 进而掌握系统的规律. 但计算机仿真一般得不到解析解.

(4) 目标建模法. 目标建模法是一种逆向建模方法, 其本质是根据问题的目标, 为达成目标而进行建模. 例如, 2004 年的奥运会临时超市网点布局设计问题, 达到该问题的目标, 理想情况就是给出每个商区内各类型超市的数量, 并确定大致的分布. 根据此目标, 分析实现目标的路径, 自然而然就可以理出头绪, 确定建模方法, 完成模型建立.

建模的目的一般是解决实际问题、验证客观事实、对具体工作予以理论指导. 但需要说明的是, 数学模型只能是对实际问题的"近似"数学表达, 不要指望数学模型能够尽善尽美地回答现实中的实际问题.

数学建模中常用的计算方法包括以下八种:

(1) 数据拟合、回归分析、插值等数据处理算法. 一般来讲, 遇到大量数据问题时可考虑使用.

(2) 数值分析法. 出现微分方程求解、方程组求解、矩阵运算和函数积分等, 由于有时难以得到解析解, 多采用数值分析法.

(3) 数学规划算法. 数学模型中许多优化问题, 如线性规划、整数规划、非线性规划等, 多利用此法.

(4) 蒙特卡罗算法. 该算法也称随机模拟算法, 是通过计算机仿真来解决问题的方法, 同时可以通过模拟来检验模型的准确性.

(5) 离散化方法. 许多实际问题的数据可能是连续的, 利用常规的算法计算机难以实现 $\left(例如, 计算 \int_1^2 e^{-x^2} dx\right)$, 此时需要将其离散化, 以差分代替微分、以求和代替积分等离散化计算方法.

(6) 优化理论的三大非经典算法包括模拟退火算法、遗传算法、神经网络算法,这类算法常用于解决比较复杂的优化问题.

(7) 图论算法. 该算法有多种, 如最短路、网络流、二分图等, 涉及图论的问题可利用此法解决.

(8) 数字图像处理. 有些问题与图形有关, 通常用 MATLAB 进行处理.

其他算法还有分支定界算法、网格算法、穷举算法、Floyd 算法、概率算法、搜索算法、贪婪算法等.

主要数学建模问题可用数学方法见表 2.1.

表 2.1　数学建模问题

建模问题分类	可用数学方法	可用 MATLAB 技术
预测类问题	拟合、回归分析、插值、神经网络、灰色预测、小波分析	相应 MATLAB 辅助技术
连续型优化问题	拟合、回归分析、插值、微积分、极值	相应 MATLAB 辅助技术
离散型优化问题	目标规划模型	MATLAB 工具箱、自主编程

2.1.2　数学建模流程

先看一个生活中的例子 —— 包饺子中的数学.

例 2.1　通常 1kg 面和 1kg 馅包 100 个饺子. 现在馅做多了而面不变, 为了把馅用完, 问是每个饺子小一些多包几个, 还是每个饺子大一些少包几个?

分析　直观印象, 大饺子包馅多. 但需要令人信服的证据, 因为大饺子用的面也会多. 建立面皮和馅与数学知识的联系, 就是物体的体积与表面积, 用 V 和 S 分别表示大饺子的体积和面皮表面积, 用 v 和 s 表示小饺子的体积和面皮的表面积. 如果一个大饺子的面皮可以做成 n 个小饺子的面皮, 那么我们需要比较 V 与 nv 哪个大? 大多少?

假设　根据实际, 进行比较的前提是所有饺子的面皮一样厚, 尽管严格地讲, 这一般不成立, 但这是一个合理而不过分的假设. 在这个假设下, 大饺子与小饺子面皮的面积满足 $S = ns$.

为了能比较饺子馅的体积, 自然假设大、小饺子的形状一样 (例如, 视为球形), 这又是一个合理而不过分的假设.

模型　能够把体积与表面积联系在一起的是半径. 设大饺子、小饺子面皮的半径分别为 R, r, 则在饺子形状一样的前提下, 存在常数 k_1, k_2, 成立

$$V = k_1 R^3, \quad v = k_1 r^3; \quad S = k_2 R^2, \quad s = k_2 r^2.$$

由上式消去 R 与 r, 得

$$V = k(k_1, k_2) S^{\frac{3}{2}}, \quad v = k(k_1, k_2) s^{\frac{3}{2}},$$

这里 k 为常数. 注意到 $S = ns$, 即得

$$V = n^{\frac{3}{2}}v = \sqrt{n}(nv).$$

上式就是包饺子的数学模型.

解释 上式 $V = \sqrt{n}(nv)$ 定量地说明 V 比 nv $(n > 1)$ 大 $\sqrt{n}$ 倍, 自然大饺子用的馅比小饺子用的馅要多.

小结 回顾建模过程, 注意以下几点:

(1) 用数学语言 (体积和表面积) 表示现实对象 (馅和面皮);

(2) 作出适当的简化和合理的假设;

(3) 利用问题蕴含的内在规律 (体积、表面积与半径之间的几何关系) 建立模型;

(4) 模型求解与分析, 以解决实际问题.

根据以上实例, 对建模流程, 作如下总结.

(1) 读懂问题. 数学建模, 首先我们要对解决的问题有一个比较清晰、全面和深入地认识和理解, 对问题有很好地深入分析, 明确问题的背景, 确定问题要达到的主要目的, 明确要解决什么问题, 问题的重点和难点在哪里, 把握问题所涉及的信息资料和数据, 形成一个比较清晰的 "数学问题".

(2) 找准要素. 我们知道, 所有问题的产生都有背景, 这些背景都有要素的支撑和影响. 因此, 要解决好问题, 就必须找准影响、支撑问题的要素. 另外, 影响、支撑问题的要素也绝不是唯一的, 但这些要素中, 有起决定作用的要素, 有处于次要地位的要素. 要素找准了, 决定性要素确定了, 解决问题的思路也就基本清晰了.

(3) 查阅资料. 在对问题有充分认识和理解的基础上, 有的放矢地收集、查阅一些与问题相关的资料, 收集一些相关数据, 特别是认真研究几篇与问题高度相关的文献. 通过对关键文献的阅读, 对已有的历史数据资料的研究, 确定解决问题的基本思路.

(4) 确定方法. 问题清晰了, 资料完备了, 要素找准了, 文献读明白了, 自然就会有解决问题的基本数学思想和方法. 注意建模的方法不是唯一的, 也就是同样一个实际问题可以用不同数学方法解之, 一般来说这些方法也没有优劣之分.

(5) 简化假设. 由于问题的复杂性, 建立数学模型不可能将影响问题的所有要素都考虑进去, 必须有舍有得, 抓住本质、核心的要素, 舍弃一些次要的要素, 对实际问题进行简化, 并作出一些合理的假设. 例如, 我们在实验室建一个黄河模型, 就

要忽略黄河的实际大小和一些小的弯道. 如何对问题进行简化或者理想化, 这是一个十分困难的过程, 也很难给出一般的原则或方法, 只能具体问题具体分析. 但需要注意的是, 作出的假设不能违背科学常识, 不能违背生活常识, 不能违背社会常识.

(6) 建立模型. 实际问题经过简化和假设后, 根据抽取出来的主要核心要素之间服从的数学定理、数学公式、物理规律或基本原则, 利用数学语言或术语加以刻画或量化, 建立实际问题的数学结构, 得到实际问题的数学模型.

(7) 求解分析. 模型求解应当熟练掌握求解需要的数学知识和数学方法, 力求简单问题普遍化, 复杂问题程序化, 即对于复杂问题可先考虑特殊的情形, 在此基础上逐步考虑复杂的问题. 模型的求解需要注意解的存在性、唯一性和稳定性.

(8) 检验评价. 建立数学模型的主要目的在于解决实际问题. 因此, 必须通过合适的方式对所建立的数学模型进行检验和评价, 使模型能够尽可能反映实际问题、解决实际问题. 因为模型必须反映现实、服务现实, 必须符合数学逻辑规律和实际问题的运行规律.

(9) 完善改进. 模型在检验中不断修正, 逐步趋于完善, 这是建模的基本常识. 除一些简单的模型, 模型的完善与改进几乎不可避免. 建模的过程实际上就是一个建模、检验、评价、再建模、再检验、再评价的过程, 直到建立的模型能够较好地解决实际问题、能够较准确地认识实际问题, 达到刻画实际问题、解释实际问题的目的. 模型的完善改进一般集中在"简化假设""建立模型"两点. 因为模型假设不合理会导致大的误差 (例如, 不该舍弃的要素舍弃了或出现不合乎常理的假设等), 或者是建模的方法不对路导致模型不能很好刻画实际问题.

(10) 总结应用. 模型的应用是建模的宗旨, 也是对模型客观、公正的检验. 因此, 好的模型应该根据建模的目的, 将其用于分析、研究和解决实际问题, 以及指导工程实践或验证实践现实, 充分发挥数学模型的作用.

例 2.2　传染病模型. 对于传染病问题, 根据统计分析, 发现存在这样一个事实: 某一地区某种传染病在传播时, 最终所涉及的人数大体上是一常数. 医学工作者尽管从不同角度进行解释, 但没有得到令人信服的结论. 请建立数学模型解释这一现象.

该问题的目的非常清晰: 建立数学模型对"传染病传染最终涉及人数大体上趋于稳定"这一现象给出满意的解释.

通过问题分析及查阅资料, 发现传染病传染所涉及的要素很多, 但主要要素包括传染病患者多少、易感染者数、传染率、人口的出生与死亡、人口的迁出与迁入、潜伏期的长短、疾病预防和治愈率等. 实际上, 一些复杂的传染病涉及的要素会更多, 也更复杂.

如果我们一开始就把所有要素考虑在内建立数学模型, 必将陷入繁、乱、难. 对于这些问题, 一个好的处理办法是**先易后难**, 也就是在众多要素中, 先舍弃一些次要要素, 将复杂问题简单化, 建立简化的数学模型, 将求解结果与实际对照, 通过对照找问题、找原因, 再修正模型、深化模型, 直至建立合理的数学模型.

模型 1

假设 1: 每个病人在单位时间内传染的人数是常数 k_0;

假设 2: 得病后, 病人长时间不愈, 并在传染期内不会死亡.

记 $i(t)$ 表示时刻 t 的病人数, 初始时刻患病人数为 i_0, 则在 Δt 时段内增加的病人数为

$$i(t + \Delta t) - i(t) = k_0 i(t) \Delta t.$$

于是, 得到数学模型

$$i'(t) = k_0 i(t), \quad i(0) = i_0.$$

这是一阶常系数线性常微分方程的初值问题, 其解为 $i(t) = i_0 e^{k_0 t}$. 这一结果表明, 传染病以指数形式增加, 这与传染病在传播初期比较吻合. 因为在初期, 传播快, 人群预防意识不强, 被感染人数增长比较快. 但当 $t \to +\infty$ 时, $i(t) \to \infty$, 这显然不符合事实, 同时没有解决问题中提出的需要解释的现象.

回顾建模的过程, 容易发现问题出在假设上, 尤其是假设 1. 因为, 在初期, 传染病人少, 未被感染的人数多, 而在中后期, 患病人数增多. 因此, 在不同时期, 感染情况是不同的, 也就是 k_0 不可能是常数, 它应该与未被感染人数相关.

为了建立与实际相符合的数学模型, 在原有的基础上修改假设, 建立新的模型.

模型 2

记 $i(t), s(t)$ 分别为 t 时刻患病人数和未患病人数, 该地区总人口数为 n.

假设 1: 每个病人单位时间传染的人数与未感染的人数的关系为 $k_0 s(t)$;

假设 2: 得病后长时间不愈, 并不会死亡;

假设 3: $i(t) + s(t) = n$, 即不考虑该地区人口增减变化.

由此, 得到模型 $\begin{cases} i'(t) = k_0 s(t) i(t), \\ s(t) + i(t) = n, \\ i(0) = i_0, \end{cases}$ 其解为

$$i(t) = \frac{n}{1 + \left(\dfrac{n}{i_0} - 1\right) e^{-k_0 n \cdot t}}.$$

由此得到病人变化率函数

$$y(t) = i'(t) = \frac{k_0 n \left(\dfrac{n}{i_0} - 1\right) e^{-k_0 n \cdot t}}{\left[1 + \left(\dfrac{n}{i_0} - 1\right) e^{-k_0 n \cdot t}\right]^2}.$$

令 $y'(t) = 0$, 得到函数 $y(t)$ 的极大值点 $t_0 = \dfrac{\ln(n - i_0) - \ln i_0}{k_0 n}$. 结果表明, 当 $t > t_0$ 时, $y'(t) > 0$, 即病人变化率增加; 当 $t < t_0$ 时, $y'(t) < 0$, 即病人变化率减少; 当 $t = t_0$ 时, $y(t)$ 达到高峰. 也就是说, 传染病传染有一个高峰时间, 这对于传染病的防治是有益的. 而且, 可以通过积极的防治措施 (如控制 k_0) 以控制高峰时间 t_0. 与此同时, 该模型有很大的缺陷: 由 $\lim\limits_{t \to +\infty} i(t) = n$ 表明最后人人都要得病, 这显然与实际不吻合.

为得到更合理的模型, 毫无疑问需要对模型 2 进行再改进, 于是就有模型 3, 模型 4, $\cdots$, 这里不再赘述, 请读者参考相应的文献.

2.2　数学建模论文写作

数学建模最后是以数学论文形式呈现, 因此数学建模论文写作是数学建模过程的一个重要环节. 建模论文是对问题的分析、简化假设、建模、求解分析、检验改进等方面的成果用文字表述, 也是对问题的研究与总结. 读者、专家通过数学建模论文了解、评价数学建模成果. 因此, 写好一篇建模论文至关重要.

建模论文一般包括题目、摘要 (含关键词)、问题分析、模型假设、模型建立、模型求解、模型分析与检验、模型推广与改进、参考文献和附录等内容.

题目　一般而言, 论文的题目会被很多人读到, 但文章本身未必有多少人细读. 要让更多的人细读论文, 就应在题目上下点工夫. 因此, 论文的题目一定要准确恰当、简明精练、醒目规范, 并能够吸引读者. 好的题目可以使读者难忘, 并激起读者继续阅读文章摘要甚至全部论文的兴趣. 论文的题目应能向读者传递 "这篇文章是做什么" 的信息, 它不宜过长, 也不宜过短, 长使人望而却步而生厌, 短则使人看不到论文的主旨而拒之.

对于数学建模竞赛论文的题目, 一般不在题目上费工夫, 直接 "拿来主义" 即可, 即直接采用命题的题目.

摘要　摘要在整个数学建模论文中占有极其重要的地位, 它是把文章的主要内容用高度精练的语言加以总结, 读者一般通过摘要决定是否阅读该文章, 决定是精读还是 "一目百行" 地浏览. 摘要用词要准确, 意思要明确, 尽可能让更多的人读懂你的文章. 摘要应当说明以下问题:

(1) 本文要干什么? 涉及的问题是什么?

(2) 研究的问题如何用数学解决? 解决问题的数学方法或算法是什么?

(3) 建立模型的特点是什么? 得到的主要结果是什么? 结果好在什么地方?

(4) 研究结果的意义如何?

问题分析　它是针对所研究的问题, 根据自己的理解和分析, 将其背景、目的和意义, 以及采用的数学方法, 利用数学语言描述出来. 对于建模竞赛中的"问题重述"部分, 一定要注意不能完全复制竞赛方给定的问题.

模型假设 它是在建立模型时用到的条件, 是在问题分析的基础上对其做出的合理简化, 无关的假设不要写进论文.

数学模型离不开符号和变量, 常规的处理方式一般有两种: 一是可以把"符号与说明"集中置于模型假设部分, 正文中出现不再一一说明, 但要注意的是单位量纲要统一, 含义解释要准确、清楚; 二是什么地方初次出现符号、变量, 就在初次出现的地方予以注明、解释. 例如, 在例 2.1 中, 初次出现

$$V = k_1 R^3$$

时, 注明"其中 V 表示大饺子的体积, R 表示大饺子皮的半径, k_1 为常数".

需要注意的是, 不管哪种方式, 在全文中, 一个符号、变量只能表示一个意义, 不允许赋予不同的含义. 已经明确"V 表示大饺子的体积", 以后出现的 V 只能是"体积"而不能再表示其他含义. 另外, 全文中只对符号、变量进行一次含义的解释, 不用每次出现都给出解释.

模型建立 在假设的基础上, 根据问题特点、利用适当的数学工具来刻画各变量之间的数学关系, 建立相应的数学模型. 在写论文时, 注意数学语言简洁、明了, 各变量之间的逻辑关系分析透彻、表述清楚. 对一些常见的数学知识, 不建议在论文中进行介绍.

模型求解 利用所给或收集的数据资料, 对模型的所有参数做出估计, 这一过程通常用数学软件编程求解. 综合类数学软件 MATLAB 最为常用, 统计分析软件有 SAS 或 SPSS, 解决运筹优化问题常用 LINGO. 由于 R 软件源代码的开放性, 近几年有流行的趋势. 在撰写论文时, 对运行结果的恰当截图是必需的, 包括结果表格或生成的图形等.

模型分析与检验 建立数学模型就是为了解决实际问题, 如果所得结果与实际问题相符合, 表明所建模型经检验是可行的, 反之就不能直接应用于解决实际问题, 需要修改假设, 再次进行数学建模. 模型分析与检验的主要工作有:

(1) 是否能用其他方式或方法进行建模;

(2) 对模型的优缺点进行分析;

(3) 对模型进行误差检验或灵敏度分析.

模型推广与改进 模型推广可以简述模型在其他方面的应用情况, 重点写模型在什么方面可以进行改进. 例如, 可以把假设条件适当放宽怎么建立模型, 也可以写在补充什么条件或数据下如何研究问题, 当然也可以是对算法的改进等.

参考文献 一定不要忘记引用任何你用到的参考资料, 你用到他人的想法、结论或模型, 需要在参考文献中标记, 若用而不引, 则视为一个严重的学术道德问题.

根据论文写作目的不同, 参考文献格式要求会有差异, 如全国大学生数学建模竞赛组委会对参考文献的格式要求包括以下几个方面:

(1) 著作的表述方式为:

[编号] 作者, 书名, 出版地: 出版社, 出版年.

(2) 期刊论文的表述方式为:

[编号] 作者, 论文名, 杂志名, 卷期号: 起止页码, 出版年.

(3) 网上资源的表述方式为:

[编号] 作者, 资源标题, 网址, 访问时间 (年月日).

附录　附录不是数学建模论文的必要组成部分, 只是在必要时而又不增加正文部分篇幅和不影响论文主体内容叙述连贯性的前提下向读者提供的一种资料, 可以包含建模过程中用到的数据、求解模型的程序代码以及一些重要的中间结果等, 以便读者检验、学习之需.

2.3　建模范文示例——长江水质的评价和预测

全国大学生数学建模竞赛 2005 年 A 题.

作者: 张虎, 蔡燕, 姚海强;　指导教师: 杨春德

摘要

水是人类赖以生存的资源, 保护水资源就是保护我们自己, 对于我国大江大河水资源的保护和治理应是重中之重. 本文通过建立数学模型, 对长江水质污染情况进行定量评价, 并对水质未来走势进行了预测.

对于问题一, 在对数据进行整体定量分析的基础上, 利用模糊数学的方法得到综合污染指数, 并以此定量解释各地区水质污染情况.

对于问题二, 针对评价河长差别较大, 本文从各类水所占的百分比着手, 预测未来 10 年各类水所占的比例.

对于问题三, 建立了 2 个模型, 一个是一次累加多项式拟合模型, 另一个是基于时间序列分析模型. 结果表明, 长江水质虽然有时某一年较前一年会有好转, 但整体趋势在逐年恶化.

对于问题四, 建立了多元线性回归模型, 在此基础上, 得到一个线性规划模型, 结论表明, 未来 10 年, 长江干流的 IV 类和 V 类水的比例控制在 20% 以内, 且没有劣 V 类水, 需要处理污水约 1390.621 亿吨.

最后, 对建立的模型进行了评价, 并提出了模型的改进方法.

关键词: 污染指数　时序分析　多元回归　预测

1 问题重述

长江是我国第一、世界第三大河流, 长江水质的污染程度日趋严重, 已引起了相关政府部门和专家们的高度重视. 专家们呼吁: "以人为本, 建设文明和谐社会, 改善人与自然的环境, 减少污染." 2004 年 10 月, 由全国政协与中国发展研究院联合组成 "保护长江万里行" 考察团, 从长江上游宜宾到下游上海, 对沿线 21 个重点城市做了实地考察, 揭示了一幅长江污染的真实画面, 其污染程度让人触目惊心. 为此, 专家们提出 "若不及时拯救, 长江生态 10 年内将濒临崩溃", 并发出了 "拿什么拯救癌变长江" 的呼唤. 题目附件 3 给出了长江沿线 17 个观测站 (地区) 近两年主要水质指标的检测数据, 以及干流上 7 个观测站近一年的基本数据 (站点距离、水流量和水流速). 通常认为一个观测站 (地区) 的水质污染主要来自于本地区的排污和上游的污水. 一般说来, 江河自身对污染物都有一定的自然净化能力, 即污染物在水环境中通过物理降解、化学降解和生物降解等使水中污染物的浓度降低, 反映江河自然净化能力的指标称为降解系数. 事实上, 长江干流的自然净化能力可以认为是近似均匀的, 根据检测可知, 主要污染物高锰酸盐指数和氨氮的降解系数通常介于 0.1~0.5, 比如可以考虑取 0.2 (单位: L/天). 附件 4 是 "1995~2004 年长江流域水质报告" 给出的主要统计数据. 下面的附表是国标 (GB3838—2002) 给出的《地表水环境质量标准》中 4 个主要项目标准限值, 其中 I、II、III类为可饮用水.

附表	地表水环境质量标准				(单位: mg/L)	
项目	I 类	II 类	III类	IV类	V 类	劣 V 类
溶解氧 DO	7.5	6	5	3	2	0
高锰酸盐指数 CODMn	2	4	6	10	15	∞
氨氮 NH_3-N	0.15	0.5	1.0	1.5	2.0	∞
pH 值			6—9			

本文研究下列问题:

(1) 对长江近两年的水质情况做出定量的综合评价, 并分析各地区水质的污染状况.

(2) 研究、分析长江干流近一年主要污染物高锰酸盐指数和氨氮的污染源主要在哪些地区?

(3) 假如不采取更有效的治理措施, 依照过去 10 年的主要统计数据, 对长江未来水质污染的发展趋势做出预测分析, 比如研究未来 10 年的情况.

(4) 根据预测分析, 如果未来 10 年内每年都要求长江干流的IV类和V类水的比例控制在 20% 以内, 且没有劣V类水, 那么每年需要处理多少污水?

(5) 对解决长江水质污染问题提出切实可行的建议和意见.

附件1～附件4参见数学建模网站http://mcm.edu.cn/mcm05/problems2005c.asp.

2 问题分析

问题一中数据较多, 可以用统计的方法, 求出每年各类水所占的百分比, 以此说明长江水质的整体变化趋势. 针对各地区而言, 可以把影响水质的 4 个主要因素进行加权, 从而求出综合污染指数, 以此为标准判断各地区水质的污染情况.

在问题二中, 由于江水在流动过程中对污染物可以进行一定的自身降解, 所以水质最差的地区未必就是污染源. 如果上游污染严重, 经过积累作用, 到达下游时水质也同样会变差, 仔细分析附表和附件数据, 发现每年评价的河长差别很大, 不利于建模求解, 不妨从各类水所占的百分比入手, 预测未来 10 年各类水所占的百分比即可.

问题四的求解需要建立在问题三的基础上, 由于题目没有要求劣 V 类水的存在, 因此很容易得出劣 V 类水要全部进行处理.

3 基本假设

(1) 主要污染物高锰酸盐指数和氨氮的自身降解系数为 0.2(单位: L/天);

(2) 观测点 j 和 $j+1$ 之间江水的流速为所测两点速度的平均值;

(3) 忽略观测点 j 和 $j+1$ 之间增加的污染物的自净;

(4) 2005～2014 年的评价河长与 2004 年的评价河长一致;

(5) 在 2005～2014 年不会发生大旱大涝等自然灾害天气;

(6) 长江水的总流量为 zl_y, 废水排放总量为 ws_y, IV类、V类、劣V类的水在水文年全流域的百分比呈线性关系.

4 模型建立与求解

(1) 问题一. 首先, 从整体着手, 对近 2 年来长江水质进行整体定量分析, 统计每年长江水质按照水质标准分类而成的各种水类的绝对值和相对百分比, 得出长江水质 2004 年较 2003 年均比较差, 但 2005 年水质恶化现象得到了一定控制, 其水质明显好于 2004 年. 2 年来, 长江水质呈现出先恶化再好转的趋势. 然后, 对于各地区水质的污染状况, 综合考虑评判水质的 4 个因素, 采用模糊数学的方法对四者进行加权, 从而得到综合污染指数 W, 以这个指数定量说明各地区水质污染情况. 以 I 类水为例, 综合污染指数为

$$w_{ij} = \frac{do_{ij}}{7.5} + \frac{co_{ij}}{2} + \frac{nh_{ij}}{0.15} + (ph_{ij} - 7.5)^2.$$

显然, 按照综合污染指数定义, 其值越高水质越差. 由题设数据分析得出各地区水质污染状况, 总体讲, 17 个观测点 2004 年水质比 2003 年水质明显恶化, 2005 年水质有较大好转.

(2) 问题二. 在问题二中, 把两个观测点间汇入支流的主要污染物高锰酸盐和氨氮的自身降解忽略不计, 并把水质主要污染物高锰酸盐和氨氮的自身降解系数 (自净系数) 确定为 0.2(L/天). 根据附件 3 中 2004 年 4 月至 2005 年 4 月的长江主干水质监测报告测算出, 期间长江水流过两相邻观测点所需时间: 第 j 点到第 $j+1$ 点距离为 $l_{j+1} - l_j$ $(j = 1, 2, \cdots, 6)$, 以两个观测点的速度平均值 $\dfrac{v_{ij} + v_{ij+1}}{2}$ 作为两站之间的水流速度, 则时间为

$$t_{ij} = \frac{2(l_{j+1} - l_j)}{v_{ij} + v_{ij+1}}, \quad i = 1, 2, \cdots, 13, \ j = 1, 2, \cdots, 6.$$

由每个点的水流量可以计算在各观测点每秒流过水中所含高锰酸盐量为: 浓度 × 流量, 即

$$m_{ij} = co_{ij} \times sl_{ij}, \quad i = 1, 2, \cdots, 13, \ j = 1, 2, \cdots, 6.$$

水流经过自净达到下一观测点时, 每秒流过水中所含高锰酸盐量为: 浓度 × 流量 × 自净系数的天数次幂, 即

$$m'_{ij} = m_{ij}(1 - x)^{t_{ij}} = co_{ij} \times sl_{ij} \times (1 - x)^{t_{ij}}.$$

两站点之间的高锰酸盐量为 $m_{ij} - m'_{ij}$.

在进行数值计算时, 增加量有部分为负值, 而实际中负值是不存在的. 因此将负值全部修正为 0. 2004 年 4 月至 2005 年 4 月这 13 个月中, 高锰酸盐平均增加值为

$$\frac{\displaystyle\sum_{i=1}^{13} \sum_{j=1}^{6} (m_{ij} - m'_{ij})}{13}.$$

同理, 根据上述推导过程, 也可以得到氨氮的平均增加值.

经分析, 可得出如下结论: 高锰酸盐、氨氮的主要来源均为湖南岳阳城陵矶及其上游地区、湖北宜昌南津关及其上游地区、重庆朱沱及其上游地区.

(3) 问题三. 模型一: 一次累加拟合模型. 观察已知数据, 各数据具有很大的随机性和波动性, 所以采用百分比的一次累加序列进行多项式拟合, 并以拟合出来的多项式为依据, 以 2004 年评价河长为基准, 计算未来 10 年各类水占评价河长的百分比: 全流域评价河长为 39412 km, 干流评价河长为 6341 km, 支流评价河长为 33071 km.

对数据序列 $sj_0(k)$ 按照规则 $sj_1(1) = sj_0(1), sj_1(k) = sj_1(k-1) + sj_0(k) \ (k \geqslant 2)$ 进行一次累加得到 $sj_1(k)$, 它是单调增加序列, 克服了原序列的随机性和波动性. 对 $sj_1(k)$ 进行多项式拟合:

$$sj_1(k) = a_0 + a_1 k + \cdots + a_{n-1} k^{n-1} + a_n k^n,$$

并将待预测的 k 值代入, 即得 k 时刻 $sj_1(k)$ 的值. 由此, 根据

$$sj_0(k) = sj_1(k) - sj_1(k-1) \quad (k \geqslant 2)$$

得到待预测值 $sj_0(k)$.

由于从 I 类到劣 V 类的水是单独预测的, 故不能保证其总和为 100%. 因此应求得其第 y 年的和 $Y = \sum_{p=1}^{6} i_{yp}$, 用每类水所占评价河长百分比数据在第 y 年的和 Y 所占百分比来修正: $i'_{yp} = \dfrac{i_{ip}}{Y} \times 100$. 根据 2004 年的评价河长, 即可得到各类水所占的河长.

模型二: 基于时序分析法的水质总体趋势预测. 将 1995 年至 2004 年全流域水质分类比例列为矩阵 X, 令

$$\begin{cases} a_{i1} = x_{i1} + x_{i2} + x_{i3}, \\ a_{i2} = x_{i4} + x_{i5} + x_{i6}. \end{cases}$$

得到新的矩阵

$$X = \begin{pmatrix} 93.1 & 85.3 & 80.7 & 88.4 & 80.2 & 74.0 & 73.7 & 76.7 & 77.5 & 68.0 \\ 6.9 & 14.7 & 19.3 & 11.6 & 19.8 & 26.3 & 26.3 & 23.2 & 22.5 & 32.0 \end{pmatrix}^{\mathrm{T}}.$$

预测方程 $\bar{a}_t = kl^t$, 取对数变换, 得 $\lg\bar{a}_t = \lg k + t\lg l$. 记 $\bar{k} = \lg k, \bar{l} = \lg l$. 由 $\bar{k} = R - \dfrac{7}{3}\bar{l}, \bar{l} = \dfrac{T-R}{N-4}$, 这里

$$R = \frac{1}{10}(\lg a_1 + 2\lg a_2 + 4\lg a_4), \quad T = \frac{1}{10}(\lg a_7 + 2\lg a_8 + 3\lg a_9 + 4\lg a_{10}).$$

将有关数据代入计算, 得 $R = 1.9337, T = 1.8635, \bar{l} \approx -0.0088, \bar{k} \approx 1.9542$. 预测 2006 年长江水域可饮用水的比例为 $\bar{a}_t \approx 70.5992$. 预测误差指标选择均方根误差 RMSE. 令预测误差 $e_t = a_t - \bar{a}_t$, 则

$$\mathrm{RMSE} = \sqrt{\frac{1}{N}\sum e_t^2} = \sqrt{\frac{158.89}{10}} \approx 3.98.$$

预测区间为

$$\bar{a}_{i0} - f\sqrt{\frac{1}{N}\sum e_t^2} < \bar{a}_t < \bar{a}_{i0} + f\sqrt{\frac{1}{N}\sum e_t^2},$$

其中 $N-1$ 为自由度, 本次预测自由度为 9. 基于样本数未超过 20 项, 查 t 分布概率密度分布表, 按 80% 置信度, t 的值为 1.38, 则 $\bar{a}_{i0} - 5.8 < \bar{a}_t < \bar{a}_{i0} + 5.8$.

基于时间序列法得出结论可知, 长江水质虽然有时某一年的情况较前一年可能会有所好转, 但它的总体趋势是在逐年恶化. 其中好转的情况体现在随机误差较大这一年的特征上. 这与前面提到的一次累加序列模型是统一的, 同时也是对一次累加模型不能体现水质情况随机性的一个较好的补充.

(4) 问题四. 本问题要求计算如果未来 10 年, 每年长江干流的 IV 类和 V 类的水比例控制在 20% 以内, 且没有劣 V 类水, 那么每年需要处理的污水总量, 即以控制污水总量的方式来控制 IV 类、V 类、劣 V 类水的比例. 因此需要知道污水总量与 IV 类、V 类与劣 V 类水所占比例之间的关系. 在此建立多元线性回归模型.

从整体考虑, 在过去 10 年, 长江的总流量 zl_y, 废水排放量 ws_y, IV 类、V 类、劣 V 类的水在水文年全流域的百分比之间的关系可以用以下式子表示.

$$ws_y = \beta_1 zl_y + \beta_2 i_{y4} + \beta_3 i_{y5} + \beta_5 i_{y6}. \quad y = 2005, \cdots, 2014.$$

其中

$$
ws_y = \begin{pmatrix} 174 \\ 179 \\ 183 \\ 189 \\ 207 \\ 234 \\ 220.5 \\ 256 \\ 270 \\ 285 \end{pmatrix}, \quad
X = i_y = \begin{pmatrix}
9250 & 3.900 & 3.000 & 0 \\
9513 & 9.700 & 1.900 & 3.100 \\
9171.26 & 13.300 & 2.600 & 3.400 \\
13127 & 8.300 & 1.700 & 1.600 \\
9513 & 9.500 & 6.200 & 4.100 \\
9924 & 16.600 & 4.400 & 5.300 \\
8892.8 & 14.000 & 5.500 & 6.800 \\
10210 & 10.000 & 3.200 & 10.000 \\
9980 & 6.400 & 5.800 & 10.300 \\
9405 & 14.800 & 5.900 & 11.300
\end{pmatrix}.
$$

代入以上数据, 经计算得到

$$ws_y = 0.0132 zl_y + 0.8208 i_{y4} + 8.3156 i_{y5} + 8.3657 i_{y6}.$$

每年要处理一定量的污水 cl_y, 上式变为

$$ws_y - cl_y = 0.0132 zl_y + 0.8208 i_{y4} + 8.3156 i_{y5} + 8.3657 i_{y6}.$$

因为要处理污水应尽可能少, 故建立模型

$$\min \sum_{y=2005}^{2014} cl_y \quad \text{s.t.} \quad i_{y4} + i_{y5} \leqslant 20, \quad i_{y6} = 0.$$

把以上数据代入规划模型, 化简后得到目标函数及约束为

$$\min \sum_{y=2005}^{2015} cl_y = 2402.4 - 0.8208 \sum_{y=2005}^{2014} i_{y4} - 8.3156 \sum_{y=2005}^{2014} i_{y5},$$

$$\begin{cases} i_{y4} \leqslant (7.25, 13.55, 14.38, 15.52, 17.07, 18.25, 17.75, 17.22, 16.66, 16.07), \\ i_{y5} \leqslant (7.62, 7.88, 8.87, 10.11, 11.71, 13.14, 13.38, 13.55, 13.67, 13.72), \\ i_{y4} + i_{y5} \leqslant 20, \quad y = 2005, \cdots, 2014. \end{cases}$$

线性规划求解, 得最少需要处理污水 1390.621 亿吨.

(5) 问题五. 略.

5　模型评价

本文没有使用单一的模型对问题进行分析求解, 而是综合运用了多种数学模型, 并增加了一定的检验环节, 这样增加了所求数据的合理性. 同时也增加了论文结论的实际参考价值. 在运用归一化方法评价长江水质情况时, 很巧妙地将多个指标转化为单一指标, 这样就很好地解决了多指标难以比较的难题. 在解决问题三时, 通过一次累加拟合和时间序列法的有机结合, 解决了长江水质情况随机性和波动性较大从而难以准确预测的难题.

在模型改进方面, 对问题一, 模糊数学确定的污染指数可以改进用模糊神经网络进行判断的指数, 可以更好地反映污染程度, 以及不同点的关系. 对问题二, 可以改进为灰色评价, 以更好地反映污染物的来源. 在问题中, 用以预测的一次累加拟合模型虽然在数据点以内误差较小, 但在数据点以外进行预测时, 误差不可知, 可考虑使用时间序列法、BP 神经网络进行预测. 这样既可以达到较高的精度要求, 又可以避免应用大量的参数, 达到最小误差预测的目的.

习　题　2

1. 自行选择一些与专业、生活、学习有关的实际问题建立数学模型.

2. 如何解决下面实际问题, 包括需要哪些数据资料, 要做些什么观测、试验以及建立什么样的数学模型:

(1) 估计一个人体内血液总量;

(2) 估计一批日光灯管的寿命;

(3) 决定十字路口黄灯亮的时长;

(4) 确定学生课堂学习满意度;

(5) 确定学生食堂就餐满意度;

(6) 一高层建筑有 4 部电梯, 上下班高峰非常拥挤, 制定合理的运行计划.

3. 某校友欲在母校设立一项奖学金, 假设每年年末发放一次且发放金额相同. 若想保持该奖学金永远按此办法发放下去, 该校友应一次性捐款多少 (考虑银行利息)?

4. 假设一所监狱有 64 间囚室, 其排列类似为八行八列的棋盘, 监狱长告诉关押在一个角落囚室里的囚犯, 只要他能够不重复通过每间囚室到达对角的囚室, 他将被释放. 问: 囚犯能够获得自由吗? (提示: 所有相邻囚室都有门相通.)

5. 某人每天由饮食获取 10500J 的热量, 其中 5040J 用于新陈代谢, 此外每千克体重需要支付 67.2J 热量作为运动消耗, 其余热量则转化为脂肪. 已知脂肪形式储存的热量利用率为 100%, 问此人体重如何随时间变化?

6. 某校经预赛选出 A、B、C、D 四名学生, 派他们参加所在地区组织的学科竞赛. 此次竞赛的四门功课考试在同一时间进行, 因而每人只能参加一门, 比赛结果以团体总分排名次 (不计个人名次). 表 2.2 是四名学生选拔时的成绩, 问应如何组队较好?

表 2.2　四名学生的成绩

学生	课程			
	数学	物理	化学	外语
A	90	95	78	83
B	85	89	73	80
C	93	91	88	79
C	79	85	84	87

7. 球门的危险区域. 在足球比赛中, 球员在对方球门前不同的位置起脚射门对对方球门的威胁是不一样的. 在球门的正前方的威胁要大于在球门两侧射门; 近距离的射门对球门的威胁要大于远射. 已知标准球场长为 104 m, 宽为 69 m; 球门高为 2.44 m, 宽为 7.32 m.

实际上, 球员之间的基本素质可能有一定差异, 但对于职业球员来讲一般可以认为这种差别不大. 另外, 根据统计资料显示, 射门时球的速度一般在 10 m/s 左右. 建模研究下列问题:

(1) 针对球员在不同位置射门对球门的威胁度进行分析, 确定危险区域;

(2) 在一名守门员防守的情况下, 对球员射门的威胁度和危险区域作进一步研究.

8. 水体中的污水和工业污染会通过减少水中被溶解的氧气而影响水体的水质, 生物的生长与生存依赖于氧气. 两个月内, 从污水处理厂下游 1000 m 处的一条小河取 8 份水样. 检测水样里溶解的氧气含量, 数据见表 2.3.

表 2.3　水样中的氧气含量

水样/份	1	2	3	4	5	6	7	8
氧气含量 $\times 10^{-6}$	5.1	5.9	5.6	5.2	5.8	5.5	5.3	5.2

根据研究, 为了保证生物的生存, 水中溶解的氧气平均体积含量需要达到 5×10^{-6}, 求两个月期间平均氧气含量 95% 的置信区间 (假设样本来自正态分布).

9. 汽车租赁公司运营: 一家汽车租赁公司在 3 个相邻的城市运营, 为方便顾客起见公司承诺, 在一个城市租赁的汽车可以在任意一个城市归还. 根据经验估计和市场调查, 一个租赁期内在 A 市租赁的汽车在 A、B、C 市归还的比例分别为 0.6, 0.3, 0.1; 在 B 市租赁的汽车在 A、B、C 市归还的比例分别为 0.2, 0.7, 0.1; 在 C 市租赁的汽车在 A、B、C 市归还的比例分别为 0.1, 0.3, 0.6. 若公司开业时将 600 辆汽车平均分配到 3 个城市, 建立运营过程中汽车数量在 3 个城市间转移的模型, 并讨论时间充分长以后的变化趋势.

10. 根据沪深两市近一年来的同时期日收益率等观测数据, 试给出它们的联合分布并绘制图形, 分析评价所建立模型的优劣. 如果数据不够, 可以选用近两年、三年、五年甚至十年、二十年的数据来给出它们的联合分布并绘制图形, 分析评价所建立模型的优劣.

如果不用日收益率, 而用日开盘价、日最高价、日最低价或日收盘价数据, 结果如何, 作出估计评价.

第3章 数学实践案例

大学数学教育思想的核心已经不仅仅局限于传承学生数学知识, 更重要的是让学生掌握数学技术, 提升数学能力, 具备数学意识, 具有数学素养, 进而培养学生的实践能力和创新能力.

实践教学是学生理解和掌握理论知识的重要途径. 数学实践能促进学生对数学理论知识的理解, 提升学生的科学计算、数学思维、数据处理等能力, 教会学生应用理性思维方法对实际问题进行逻辑分析并借助数学软件进行求解, 增强学生的数学素养和创新意识.

3.1 高等数学实践案例

例 3.1 某客户向某银行存入本金 p 元, n 年后在银行的存款额是本金与利息之和. 设银行规定的年复利率为 r. 试根据下述不同的结算模式, 计算 n 年后该客户的最终存款额.

(1) 每年结算一次;

(2) 每月结算一次, 每月的复利率为 $\dfrac{r}{12}$;

(3) 每年结算 m 次, 每个结算周期的复利率为 $\dfrac{r}{m}$, 证明最终存款额随 m 的增加而增加;

(4) 当 m 趋于无穷大时, 结算周期变为无穷小, 这意味着银行连续不断地向客户支付利息. 这种存款方式称为连续复利, 试计算连续复利情况下客户的最终存款额.

解 (1) 每年结算一次, 第一年后客户存款额为

$$p_1 = p + pr = p(1+r);$$

第二年后的存款额为

$$p_2 = p_1(1+r) = p(1+r)^2;$$

根据递推关系, 第 n 年后, 客户存款额为

$$p_n = p(1+r)^n.$$

(2) 每月结算一次, 复利率为 $\dfrac{r}{12}$, n 年共结算 $12n$ 次, 故第 n 年后, 客户存款额为

$$p_{12n} = p\left(1 + \frac{r}{12}\right)^{12n}.$$

(3) 每年结算 m 次, 复利率为 $\dfrac{r}{m}$, 共结算 mn 次, 第 n 年后客户存款为

$$p_{mn} = p\left(1 + \frac{r}{m}\right)^{mn}.$$

令 $y_m = \left(1 + \dfrac{r}{m}\right)^m$, 利用二项展开式, 可得

$$y_m = 1 + r + \frac{1}{2!}\left(1 - \frac{1}{m}\right)r^2 + \frac{1}{3!}\left(1 - \frac{1}{m}\right)\left(1 - \frac{2}{m}\right)r^3$$
$$+ \cdots + \frac{1}{m!}\left(1 - \frac{1}{m}\right)\left(1 - \frac{2}{m}\right)\cdots\left(1 - \frac{m-1}{m}\right)r^m.$$

同样地, 展开 y_{m+1}, 并比较 y_m 与 y_{m+1} 的每一项, 发现 y_{m+1} 的每一项都大于 y_m 的每一项, 且 y_{m+1} 的最后一项大于零, 因此 $y_{m+1} > y_m$. 于是, $p_{mn} < p_{m+1,n}$, 即结算的次数越多, 客户的最终存款额也越多.

(4) 在连续复利的情况下, 客户的最终存款额为

$$p_n = \lim_{m \to \infty} p_{mn} = \lim_{m \to \infty} p\left(1 + \frac{r}{m}\right)^{mn} = p e^{rn}.$$

与 (1) 比较, 由于 $p e^{rn} = p[1 + (e^r - 1)]^n$, 所以, 连续复利相当于以年复利率 $e^r - 1$ 按年结算利息.

例 3.2　汽车限购问题. 某城市今年年末汽车保有量为 A 辆, 预计此后每年报废上一年年末汽车保有量的 r $(0 < r < 1)$ 倍, 且每年新增汽车辆数相同. 为保护城市环境, 要求该城市汽车保有量不超过 B 辆, 那么每年新增汽车不超过多少辆?

解　设每年新增汽车 m 辆, n 年年末汽车保有量为 b_n, 则数列 b_n 有如下关系:

$$b_1 = A(1 - r) + m,$$
$$b_2 = b_1(1 - r) + m = A(1 - r)^2 + m(1 - r) + m,$$
$$b_3 = b_2(1 - r) + m = A(1 - r)^3 + m(1 - r)^2 + m(1 - r) + m,$$
$$\cdots\cdots$$
$$b_n = b_{n-1}(1 - r) + m = A(1 - r)^n + m(1 - r)^{n-1} + \cdots + m(1 - r) + m$$
$$= A(1 - r)^n + m\frac{1 - (1 - r)^n}{r}.$$

注意到 $0 < r < 1$, 因此

$$\lim_{n \to \infty} b_n = \frac{m}{r}.$$

不难验证, 如果 $A < B$ 和 $m < rB$, 以下不等式总成立:

$$b_i < B, \quad i = 1, 2, \cdots.$$

这样, 该城市每年新增汽车不超 rB 辆.

例 3.3　重力加速度近似计算.

解　一物体质量为 m, 距离地面高度为 h. 由万有引力定律, 地球对它的引力

$$F = \frac{GmM}{(R+h)^2},$$

其中, $R = 6400 \text{km}$ 为地球的半径, M 是地球的质量, G 是常数. 根据 Newton 第二定律 $F = mg$,　于是

$$g = \frac{GM}{(R+h)^2},$$

此即重力加速度与高度 h 的关系式, 但这里涉及常数 M, G, 仍无法计算.

当 $h = 0$(即物体在地球表面), 以 g_0 表示地球表面的加速度, 则 $g_0 = \dfrac{GM}{R^2}$, 于是,

$$g = \frac{g_0 R^2}{(R+h)^2} = g_0 \left(1 + \frac{h}{R}\right)^{-2}.$$

我们知道,

$$\lim_{x \to 0} \frac{(1+x)^\alpha - 1}{\alpha x} = 1 \quad (\alpha > 0),$$

即当 $|x|$ 充分小时, $(1+x)^\alpha \approx 1 + \alpha x$. 于是, 当 h 相对于地球半径 R 很小时, 即 $\left|\dfrac{h}{R}\right|$ 很小时,

$$g = g_0 \left(1 + \frac{h}{R}\right)^{-2} \approx g_0 \left(1 - \frac{2h}{R}\right) = g_0(1 - 3.125 \times 10^{-4} h).$$

这就是重力加速度与高度 h 的近似计算公式.

例 3.4　地基打桩问题 (2003 年研究生入学考试数学试题). 某建设工地打地基时, 需要用汽锤将桩打进土层. 汽锤每次击打, 都将克服土层的阻力而做功. 设土层对桩的阻力与桩被打进地下的深度成正比 (比例系数为 k, $k > 0$), 汽锤第一次击打将桩打入地下 $a\text{m}$. 根据设计方案, 要求汽锤每次击打桩时所做的功与前一次击打时所做的功之比为常数 r $(0 < r < 1)$. 问:

(1) 打桩 3 次后, 可将桩打进地下多深?

(2) 若击打次数不限, 汽锤至多能将桩打进地下多深?

解　(1) 设经第 n 次击打后, 桩被打进地下 x_nm, 第 n 次击打时汽锤所做的功为 W_n. 由题设可得

$$x_1 = a,$$
$$\Delta W \approx kx\Delta x,$$
$$W_1 = \int_0^{x_1} kx\mathrm{d}x = \frac{k}{2}x_1^2 = \frac{k}{2}a^2,$$
$$W_2 = \int_{x_1}^{x_2} kx\mathrm{d}x = \frac{k}{2}(x_2^2 - x_1^2) = \frac{k}{2}(x_2^2 - a^2).$$

由条件 $W_2 = rW_1$, 得 $x_2 = a\sqrt{1+r}$. 进一步,

$$W_3 = \int_{x_2}^{x_3} kx\mathrm{d}x = \frac{k}{2}(x_3^2 - x_2^2) = \frac{k}{2}[x_3^2 - (1+r)a^2],$$

由 $W_3 = rW_2$, 得 $x_3 = a\sqrt{1+r+r^2}$, 即经三次击打后, 可将桩打进地下 $a\sqrt{1+r+r^2}$ m.

(2) 同样, 可以得到

$$W_n = \int_{x_{n-1}}^{x_n} kx\mathrm{d}x = \frac{k}{2}(x_n^2 - x_{n-1}^2).$$

由条件 $W_n = rW_{n-1}$, 可知 $W_n = rW_{n-1} = r^2W_{n-2} = \cdots = r^{n-1}W_1$, 所以

$$\frac{k}{2}(x_n^2 - x_{n-1}^2) = \frac{k}{2}r^{n-1}a^2,$$

即 $x_n^2 - x_{n-1}^2 = r^{n-1}a^2$. 从而 $x_n^2 = r^{n-1}a^2 + r^{n-2}a^2 + \cdots + ra^2 + a^2$. 于是

$$\lim_{n\to\infty} x_n = \lim_{n\to\infty} \sqrt{r^{n-1}a^2 + r^{n-2}a^2 + \cdots + ra^2 + a^2} = \frac{a}{\sqrt{1-r}}.$$

所以, 若不限制击打次数, 汽锤至多能将桩打进地下 $\dfrac{a}{\sqrt{1-r}}$m.

例 3.5　核废料的处理问题. 某机构提议将放射性核废料装在密封的圆桶里沉入深约 91m 的海里. 生态学家和科学家担心这种做法不安全而提出疑问. 该机构保证, 并经过试验, 证明圆桶密封很好, 不会破损. 但工程师又提出疑问: 是否与海底发生碰撞导致圆桶破裂? 该机构仍信誓旦旦保证没有问题. 但工程师通过试验发现, 当圆桶达到海底的速度超过 12.2 m/s 时, 圆桶会因碰撞而破裂. 那么圆桶达到海底时的速度能超过 12.2 m/s 吗? 通过试验得知, 圆桶下沉时的阻力与方位基本无关, 与下沉速度成正比, 比例系数为 $k = 0.12$.

现圆桶的重量为 $W = 239.456$ kg, 海水浮力为 1025.94 kg/m^3, 圆桶的体积为 $V = 0.208$ m^3. 请根据这些数据给出明确答案.

解　建立坐标系, 设 x 轴落在海平面上, y 轴正向向下. 由 Newton 第二定

律 $F = ma, m$ 为圆桶的质量, $a = \dfrac{\mathrm{d}^2 y}{\mathrm{d}t^2}$, F 为作用于圆桶上的力, 它由圆桶的重量 W、海水作用在圆桶上的浮力 $B = 1025.94 \times V = 213.396 \ \mathrm{kg}$ 及圆桶下沉时的阻力 $D = kv = 0.12 \dfrac{\mathrm{d}y}{\mathrm{d}t}$ 组成, 即

$$F = W - B - D = W - B - kv.$$

于是, 得到一个二阶常微分方程的 Cauchy 问题:

$$\begin{cases} m\dfrac{\mathrm{d}^2 y}{\mathrm{d}t} = m\dfrac{\mathrm{d}v}{\mathrm{d}t} = W - B - kv, \\ y(0) = 0, \quad v(0) = 0, \end{cases}$$

解得

$$v(t) = \frac{W - B}{k}(1 - \mathrm{e}^{-\frac{k}{m}t}).$$

至此, 得到了下沉速度与时间 t 的关系式, 但仍无法解决我们的问题, 因为下沉的时间无法确定. 考虑到

$$\lim_{t \to +\infty} v(t) = \frac{W - B}{k},$$

可以知道圆桶下沉的速度不超过 $\dfrac{W - B}{k}$, 但这一速度达到 217.2 m/s, 对问题没有意义.

注意到 $\dfrac{\mathrm{d}^2 y}{\mathrm{d}t^2} = v\dfrac{\mathrm{d}v}{\mathrm{d}y}$, 得到

$$\begin{cases} mv\dfrac{\mathrm{d}v}{\mathrm{d}y} = W - B - kv, \\ y(0) = 0, \ v(0) = 0, \end{cases}$$

解得

$$y = -\frac{mv}{k} - \frac{(W - B)m}{k^2} \ln \frac{W - B - kv}{W - B},$$

代入 $y = 91\mathrm{m}$, 利用近似迭代的方法, 求得 $v > 13$ m/s, 超过警戒速度 12.2 m/s. 因此, 这种方法是不安全的.

例 3.6 越野赛最佳路径问题. 假定在某湖畔举行越野赛, 起点设在如图 3.1 所示的 P 点, 终点在湖心的 Q 点. 坐标系中 x 轴下方为湖, x 轴上方为陆地. P, Q 两点的南北距离为 5 km, 东西距离为 7 km, 湖岸边位于 P 点以南 2 km. 比赛中运动员可自行选择线路, 但必须从 P 点出发跑步到岸边, 再从岸边下水游泳到达终点 Q. 已知运动员跑步的速度为 18 km/h, 游泳的速度为 6 km/h, 问应从岸边的何处下水才能使比赛用时最少?

解　考虑光的折射问题. 假定一束光线由空气中 P 点经过水面折射后进入水中 Q 点. 已知光线总是以耗时最少的路线传播. 在平面直角坐标系中, P, Q 的坐标分别为 $P(0, p)$, $Q(d, q)$, x 轴为水面. 光在空气中的传播速度为 v_α, 光在水中传播速度为 v_β, 试确定光线的传播线路, 找出入射角 α 和折射角 β 的关系, 见图 3.1. 由于光在同一介质中按直线传播耗时最少, 所以, 光从 P 点出发到达 R 点所用时间为

$$t_1 = \frac{|PR|}{v_\alpha} = \frac{\sqrt{x^2 + p^2}}{v_\alpha},$$

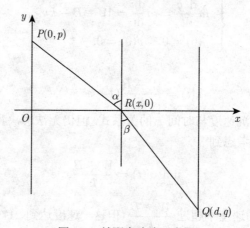

图 3.1　越野赛路线示意图

光从 R 点出发在水中到达 Q 点所用的时间为

$$t_2 = \frac{|RQ|}{v_\beta} = \frac{\sqrt{(d-x)^2 + q^2}}{v_\beta},$$

所以, 光从 P 点出发到达 Q 点的总耗时为

$$T(x) = \frac{\sqrt{x^2 + p^2}}{v_\alpha} + \frac{\sqrt{(d-x)^2 + q^2}}{v_\beta}, \quad x \in [0, \ d],$$

求 x, 使 $T(x)$ 达到极小. 为此求导数

$$\frac{\mathrm{d}T}{\mathrm{d}x} = \frac{x}{v_\alpha \sqrt{x^2 + p^2}} - \frac{d-x}{v_\beta \sqrt{(d-x)^2 + q^2}}.$$

令 $T'(x) = 0$, 得

$$\frac{x}{v_\alpha \sqrt{x^2 + p^2}} = \frac{d-x}{v_\beta \sqrt{(d-x)^2 + q^2}}.$$

从而得

$$\frac{\sin \alpha}{\sin \beta} = \frac{v_\alpha}{v_\beta},$$

上式就是光线的折射定律公式.

回到本例, 越野赛问题完全可看成是"光从 P 点出发经 R 点折射到达 Q 点的用时"问题, 其中 $v_\alpha = 18$ km/h, $v_\beta = 6$ km/h, $p = 2$m, $q = 3$m, $d = 7$ m. 因此, 有

$$\frac{x}{18\sqrt{x^2+4}} = \frac{7-x}{6\sqrt{(7-x)^2+9}}.$$

解得驻点 $x = 6$, 此驻点也是极值点. 所以代入 $T(x)$, 得

$$T(6) = \frac{\sqrt{6^2+2^2}}{18} + \frac{\sqrt{(7-6)^2+3^2}}{6} = \frac{5\sqrt{10}}{18} \approx 0.8784(\text{h}),$$

即在 6km 处下水, 用时最少, 仅为 0.8784h.

例 3.7 铁道的弯道分析. 铁道弯道的主要部分呈圆弧形 (称为主弯道), 为使列车在转弯时既平衡又安全, 除了必须使直道与弯道相切外, 还需要考虑使轨道曲线的曲率在切点邻近连续变化 (这时列车在该邻近所受向心力将是连续变化的). 已知直线的曲率为 0, 半径为 a 的圆弧的曲率 $\dfrac{1}{a}$, 直道与圆弧弯道直接相切, 则在切点处曲率有一跳跃度 $\left|\dfrac{1}{a} - 0\right|$. 只有当 a 充分大时, 列车在转弯时才能平稳. 但在实际铺设轨道时, 由于地形的原因, 弯道半径 a 不可能任意放大, 所以需要在直道与弯道之间加一段缓和曲线的弯道, 以使铁轨的曲率连续从 0 过渡到 $\dfrac{1}{a}$.

解 目前, 一般采用三次抛物线作为缓和曲线. 在直角坐标系中, 以 $x < 0, y = 0$ 表示直道, 从 $O(0,0)$ 到 $A(x_0, y_0)$ 为缓和弯道, 其方程为 $y = \dfrac{x^3}{abl}$, 其中 l 为缓和曲线的长度, b 为待定系数, 从 A 到 B 为圆弧弯道. 由于缓和弯道的曲率为

$$k(x) = \frac{|y''|}{(\sqrt{1+y'^2})^3} = \frac{6x}{abl} \cdot \frac{1}{\left(\sqrt{1+\dfrac{(3x^2)^2}{(abl)^2}}\right)^3}.$$

可见, 当 x 从 0 变化至 x_0 时, 曲率连续从 0 变化到 $k(x_0)$. 设 $x_0 \approx l$, 所以,

$$k(x_0) \approx \frac{6}{ab\left(1 + \dfrac{9l^2}{a^2b^2}\right)^{\frac{3}{2}}}.$$

由于在实用中, 总把比值 $\dfrac{l}{a}$ 取得较小, 使得 $\left(1 + \dfrac{9l^2}{a^2b^2}\right)^{\frac{3}{2}}$ 接近于 1, 一般取 $b = 6$ 时, $k(x_0) = \dfrac{1}{a}$, 从而得到缓和曲线方程

$$y = \frac{x^3}{6al}.$$

于是, 缓和曲线由 0 连续变化到 $\dfrac{1}{a}$, 起到了缓冲的作用.

例 3.8   雨水模型. 典型的蓄水云层厚度从 100 m 到 4 km, 但是非常厚的云层 (积雨云) 可能达到 20km. 用近似的数学降雨模型, 对两个连续现象的阶段仿真, 第一阶段为云层雨滴的产生, 第二阶段为雨水从空中的降落.

解   (1) 成型的雨滴. 云层的雨滴降落是通过在重力作用下, 球形水滴经过饱和大气层自由落向地面而产生的. 雨滴的质量 m 通过浓缩会增加, 其增量与时间和雨滴的表面积成正比, 即 $\mathrm{d}m = 4\pi k r^2 \mathrm{d}t$, 其中 r 为雨滴的半径, k 为经验常数. 另外, 球形水滴的质量 (密度为 1) 是 $m = \dfrac{4\pi r^3}{3}$. 据此, $\mathrm{d}m = 4\pi r^2 \mathrm{d}r$. 因此, $\mathrm{d}r = k\mathrm{d}t$. 当 $F = -mg$ 时, 由动量定理, 得

$$\frac{\mathrm{d}mv}{\mathrm{d}t} = F,$$

写为

$$k\frac{\mathrm{d}(r^3 v)}{\mathrm{d}r} = -gr^3.$$

该微分方程满足初始条件 $v(r_0) = v_0$, 其解有如下形式:

$$v = -\frac{gr}{4k}\left(1 - \frac{r_0^4}{r^3}\right) + \frac{r_0^3}{r^3}v_0.$$

典型云层水滴的半径为 $r_0 \approx 10~\mu\mathrm{m}$, 当雨滴达到地面时其半径约为 1mm. 在简单模型里, 假设雨滴的初始半径很微小, 可以忽略不计 (即 $r_0 = 0$), 于是, 注意到 $r = kt$, 得

$$v = -\frac{gr}{4k} = -\frac{1}{4}gt,$$

也就是在云层里集聚阶段, 雨滴的速度幅值 $|v|$ 增量为时间 t 的线性函数.

(2) 下落雨滴. 这个阶段是模拟雨滴穿过空气落向地面, 假设仅仅只有重力和空气阻力作用在雨滴上, 即忽略雨滴的自身挥发.

设空气阻力为关于雨滴速度 v 的函数 $f(v)$, 雨滴在下落过程中, 质量 m 保持不变. 那么, 根据 Newton 第二定律, 雨滴的速度满足

$$m\frac{\mathrm{d}v}{\mathrm{d}t} = -mg + f(v), \quad v(t_0) = v_0.$$

一般来讲, 考虑到空气阻力和降落物体的速度平方成正比, 其中物体不是 "非常小", 并且它的速度比声速小但并非无穷小. 然而, 在一定条件下, 空气阻力也能通过速度的线性函数得到近似值. 因此, 可以考虑用以下降雨的合理模型

$$m\frac{\mathrm{d}v}{\mathrm{d}t} = -mg - \alpha v + \beta v^2,$$

其中 $\alpha > 0, \beta > 0$ 表示经验常数. 符号的选择与空气阻力反向重力方向的事实一致, 并且 v 在我们的坐标系里是负的, 方向径直向上.

例 3.9 飞机跑道长度设计问题. 某飞机在机场降落时, 为了减少滑行距离, 在触地的瞬间, 飞机尾部张开减速伞, 以增大阻力使飞机迅速减速并停下来. 现有一质量为 9000 kg 的飞机, 着陆时的水平速度为 700 km/h. 经测试, 减速伞打开后, 飞机所受的总阻力与飞机的速度成正比 (比例系数为 $k = 636$). 问从着陆点算起, 飞机滑行的最长距离是多少?

解 设飞机质量为 m kg, 从飞机接触跑道开始计时, 在时刻 t 飞机的滑行距离为 $x(t)$ km, 速度为 $v(t)$ km/s, 着陆时的水平速度为 v_0 km/s.

根据 Newton 第二定律, 有

$$kv = -m\frac{\mathrm{d}v}{\mathrm{d}t},$$

上式可写为

$$kv = -m\frac{\mathrm{d}v}{\mathrm{d}t} = -m\frac{\mathrm{d}v}{\mathrm{d}x}\frac{\mathrm{d}x}{\mathrm{d}t} = -mv\frac{\mathrm{d}v}{\mathrm{d}x} \quad \left(\frac{\mathrm{d}x}{\mathrm{d}t} = v\right),$$

即 $\mathrm{d}x = -\frac{m}{k}\mathrm{d}v$. 所以, $\frac{\mathrm{d}x}{\mathrm{d}t} = -\frac{m}{k}\frac{\mathrm{d}v}{\mathrm{d}t}$. 两边对 t 积分, 并由 $x(0) = 0, v(0) = v_0$, 得

$$x(t) = \frac{m}{k}(v_0 - v(t)).$$

基于 $\lim\limits_{t\to\infty} v(t) = 0$, 得 $\lim\limits_{t\to\infty} x(t) = \frac{mv_0}{k}$. 代入具体数据, $\lim\limits_{t\to\infty} x(t) = 2.7516$ km.

例 3.10 通信卫星的覆盖面积. 一颗同步轨道通信卫星的轨道位于地球的赤道平面内, 且可以近似认为是圆轨道. 通信卫星运行的角速率与地球自转的角速率相同, 即人们看到它在太空不动. 若地球半径取 $R = 6400$ km, 问卫星距离地面的高度 h 应为多少? 试计算通信卫星的覆盖面积.

解 卫星所受万有引力为 $G\dfrac{Mm}{(R+h)^2}$, 所受离心力为 $m\omega^2(R+h)$, M, m 分别为地球和卫星的质量, ω 为卫星运行的角速率, G 为引力常数. 根据 Newton 第二定律,

$$G\frac{Mm}{(R+h)^2} = m\omega^2(R+h).$$

因此,

$$(R+h)^3 = \frac{GM}{\omega^2} = \frac{GM}{R^2} \times \frac{R^2}{\omega^2} = g\frac{R^2}{\omega^2}, \quad g = \frac{GM}{R^2}.$$

代入已知数据, 计算得

$$h = \sqrt[3]{g\frac{R^2}{\omega^2}} - R \approx 36000 \ (\text{km}).$$

取地心为坐标系的原点, 地心到卫星中心的连线为 z 轴, 建立坐标系如图 3.2 所示. 卫星的覆盖面积为

$$A = \iint_G \mathrm{d}S,$$

其中 G 是上半球面 $x^2 + y^2 + z^2 = R^2$ $(z \geqslant 0)$ 上被圆锥角 β 所限定的曲面部分, 它在 xOy 平面上的投影为 $D_{xy} = \{(x, y) | x^2 + y^2 \leqslant R^2 \sin^2 \beta\}$. 因此,

$$A = \iint_{D_{xy}} \sqrt{1 + z_x^2 + z_y^2} \mathrm{d}x\mathrm{d}y = \iint_{D_{xy}} \frac{R}{\sqrt{R^2 - x^2 - y^2}} \mathrm{d}x\mathrm{d}y$$

$$= \int_0^{2\pi} \mathrm{d}\theta \int_0^{R\sin\beta} \frac{Rr}{\sqrt{R^2 - r^2}} \mathrm{d}r = 2\pi R^2 (1 - \cos\beta).$$

由于 $\cos\beta = \dfrac{R}{R + h}$, 所以,

$$A = 4\pi R^2 \frac{h}{2(R + h)}.$$

注意 $4\pi R^2$ 为球面的面积, 可知因子 $\dfrac{h}{2(R + h)}$ 恰为卫星覆盖面积与地球表面积的比例系数. 代入已知数据, 得

$$\frac{h}{2(R + h)} = \frac{36 \times 10^6}{2(36 + 6.4) \times 10^6} \approx 0.425.$$

可以看到, 一颗卫星覆盖全球 $\dfrac{1}{3}$ 以上的面积. 所以, 使用三颗相间为 $\dfrac{2\pi}{3}$ 的通信卫星就可以覆盖几乎地球的表面.

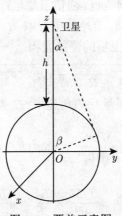

图 3.2   覆盖示意图

3.2 线性代数实践案例

例 3.11 种群共存问题. 经过统计, 某地区猫头鹰和森林鼠的数量具有如下规律: 如果没有森林鼠作食物, 每个月只有一半的猫头鹰可以存活; 如果没有猫头鹰作为捕食者, 老鼠的数量每个月会增加 10%. 如果老鼠充足 (数量为 R), 则下个月猫头鹰的数量将会增加 $0.4R$. 平均每个月每只猫头鹰的捕食会导致 104 只老鼠的死亡数. 试确定该系统的演化情况.

解 假设不考虑其他因素对猫头鹰和森林鼠数量的影响, 并设猫头鹰和森林鼠在时刻 k 的数量为 $x_k = (O_k, R_k)^{\mathrm{T}}$, 其中 k 是以月份为单位时间, O_k 是研究区域中猫头鹰的数量 (单位: 只), R_k 是老鼠的数量 (单位: 千只). 则有

$$\begin{cases} O_{k+1} = 0.5O_k + 0.4R_k, \\ R_{k+1} = -0.104O_k + 1.1R_k, \end{cases}$$

即 $x_{k+1} = Ax_k$, 其中 $A = \begin{pmatrix} 0.5 & 0.4 \\ -0.104 & 1.1 \end{pmatrix}$, A 的特征值为 $\lambda_1 = 1.02$, $\lambda_2 = 0.58$, 对应的特征向量为 $v_1 = (10, 13)^{\mathrm{T}}, v_2 = (5, 1)^{\mathrm{T}}$. 任取非零初始向量 x_0, 存在常数 $c_1 > 0$, c_2, 使 $x_0 = c_1 v_1 + c_2 v_2$. 于是, 对于 $k \geqslant 0$, 即

$$x_{k+1} = Ax_k = c_1(1.02)^k v_1 + c_2(0.58)^k v_2,$$

当 $k \to \infty$ 时, $(0.58)^k \to 0$, 则对于所有足够大的 k, x_{k+1} 近似等于 $c_1(1.02)^k v_1$, 即

$$x_{k+1} \approx c_1(1.02)^k \begin{pmatrix} 10 \\ 13 \end{pmatrix},$$

k 越大近似程度越高, 所以对于充分大的 k

$$x_{k+1} \approx c_1(1.02)^k \begin{pmatrix} 10 \\ 13 \end{pmatrix} \approx 1.02x_k.$$

该结论表明, 最后猫头鹰和老鼠的数量几乎每个月都近似增加到原来的 1.02 倍, 即有 2% 的月增长率. 而且 O_k 与 R_k 的比值约为 10:13, 即每 10 只猫头鹰对应约 13000 只老鼠.

例 3.12 配比问题. 四种原料 A, B, C, D 分别按 2:3:1:1 和 1:2:1:2 的比例制成甲、乙两种产品, 现在需要生产原料配比为 4:7:3:5 的丙产品, 问其能否由甲、乙产品按一定比例配制而成?

解 假设:

(1) 四种原料混合在一起时不发生化学变化;

(2) 四种原料的比例是按重量计算的;

(3) 甲、乙产品分别装成袋, 比如甲产品每袋净重 7 g(A, B, C, D 四种原料分别为 2 g, 3 g, 1 g, 1 g), 乙产品每袋净重 6g(A, B, C, D 分别为 1 g, 2 g, 1 g, 2 g).

由已知数据和上述假设, 可以进一步假设将 x 袋甲产品与 y 袋乙产品混合在一起, 得到的混合物中 A, B, C, D 四种原料分别为 4 g, 7 g, 3 g, 5 g, 即

$$\begin{cases} 2x+y=4, \\ 3x+2y=7, \\ x+y=3, \\ x+2y=5. \end{cases}$$

上述线性方程组的增广矩阵经初等行变换, 得

$$(A,\ b)=\begin{pmatrix} 2 & 1 & 4 \\ 3 & 2 & 7 \\ 1 & 1 & 3 \\ 1 & 2 & 5 \end{pmatrix}\sim\begin{pmatrix} 1 & 0 & 1 \\ 0 & 1 & 2 \\ 0 & 0 & 0 \\ 0 & 0 & 0 \end{pmatrix},$$

可见 $x=1, y=2$. 又因为甲产品每袋净重 7 g, 乙产品每袋净重 6 g, 所以丙产品能由甲、乙产品按 7:12 的比例配制而成.

结果分析:

(1) 若令 $\alpha_1=(2,3,1,1)^T, \alpha_2=(1,2,1,2)^T, \beta=(4,7,3,5)^T$, 则原问题等价于 "线性方程组 $Ax=b$ 是否有解", 也等价于 "β 能否由 α_1, α_2 线性表示".

(2) 若四种原料的比例是按体积计算的, 则还要考虑混合前后体积的关系 (未必是简单的叠加), 因而最好还是先根据具体情况将体积比转换为重量比, 然后再按上述方法处理.

例 3.13　减肥配方的实现. 设三种食物每 100 g 中蛋白质、碳水化合物和脂肪的含量如表 3.1 所示, 表中还给出了 20 世纪 80 年代美国流行的剑桥大学医学院的简捷营养处方. 现在的问题是: 如果用这三种食物作为每天的主要食物, 那么它们的用量应各取多少才能全面准确地实现营养要求?

表 3.1　减肥配方问题

	脱脂牛奶	大豆面粉	乳清	减肥所需每日营养量
蛋白质	36	51	13	33
碳水化合物	52	34	74	45
脂肪	0	7	1.1	3

注: 脱脂牛奶、大豆面粉和乳清为每 100 g 所含营养.

解 设脱脂牛奶的用量为 x_1 个单位 (每 100 g), 大豆面粉的用量为 x_2 个单位 (每 100 g), 乳清的用量为 x_3 个单位 (每 100 g), 表中的三个营养成分列向量为

$$a_1 = \begin{pmatrix} 36 \\ 52 \\ 0 \end{pmatrix}, \quad a_2 = \begin{pmatrix} 51 \\ 34 \\ 7 \end{pmatrix}, \quad a_3 = \begin{pmatrix} 13 \\ 74 \\ 1.1 \end{pmatrix},$$

则它们的组合所具有的营养为 $x_1 a_1 + x_2 a_2 + x_3 a_3$. 使这个合成的营养与剑桥配方的要求相等, 得到

$$Ax = \begin{pmatrix} 36 & 51 & 13 \\ 52 & 34 & 74 \\ 0 & 7 & 1.1 \end{pmatrix} \begin{pmatrix} x_1 \\ x_2 \\ x_3 \end{pmatrix} = \begin{pmatrix} 33 \\ 45 \\ 3 \end{pmatrix} = b.$$

MATLAB 求解程序:

A=[36, 51, 13; 52, 34, 74; 0, 7, 1.1]; b=[33; 45; 3]; x=A\b

计算结果: 脱脂牛奶的用量为 27.7 g, 大豆面粉的用量为 39.2 g, 乳清的用量为 23.3 g, 就能保证所需的综合营养量.

例 3.14 人口流动问题. 假设某区域每年有比例为 p 的农村居民移居城镇, 同时有比例为 q 的城镇居民移居农村; 再设该区域总人口保持不变, 且上述人口迁移的规律也保持不变. n 年后农村人口和城镇人口占总人口的比例分别记为 x_n, y_n:

(1) 求关系式 $\begin{pmatrix} x_n \\ y_n \end{pmatrix} = A \begin{pmatrix} x_{n-1} \\ y_{n-1} \end{pmatrix}$ 中的矩阵 A;

(2) 设目前农村人口和城镇人口比例各半, 求平稳状态下, 农村人口和城镇人口比例各为多少?

解 (1) 由假设

$$\begin{cases} x_n = (1-p)x_{n-1} + qy_{n-1}, \\ y_n = px_{n-1} + (1-q)y_{n-1}, \end{cases}$$

由矩阵乘法, 即得 $A = \begin{pmatrix} 1-p & q \\ p & 1-q \end{pmatrix}$.

(2) 由 (1) 中的关系式得

$$\begin{pmatrix} x_n \\ y_n \end{pmatrix} = A \begin{pmatrix} x_{n-1} \\ y_{n-1} \end{pmatrix} = \cdots = A^n \begin{pmatrix} 0.5 \\ 0.5 \end{pmatrix},$$

易知 A 的特征值 $\lambda_1 = 1$, $\lambda_2 = 1-p-q$, 相应的特征向量分别是

$$\xi_1 = \begin{pmatrix} q \\ p \end{pmatrix}, \quad \xi_2 = \begin{pmatrix} -1 \\ 1 \end{pmatrix}.$$

令 $P = (\xi_1, \xi_2)$，则 P 可逆，且 $A = P \begin{pmatrix} 1 & 0 \\ 0 & 1-p-q \end{pmatrix} P^{-1}$. 因此，

$$A^n = P \begin{pmatrix} 1 & 0 \\ 0 & (1-p-q)^n \end{pmatrix} P^{-1} = \frac{1}{p+q} \begin{pmatrix} q + p(1-p-q)^n & q - q(1-p-q)^n \\ p - p(1-p-q)^n & p + q(1-p-q)^n \end{pmatrix}.$$

一个有趣的结果是，如果 $p + q < 1$，则 $\lim\limits_{n \to \infty} (1-p-q)^n = 0$. 因此，

$$\lim_{n \to \infty} \begin{pmatrix} x_n \\ y_n \end{pmatrix} = \begin{pmatrix} \dfrac{q}{p+q} \\ \dfrac{p}{p+q} \end{pmatrix}.$$

故最终有比例为 $\dfrac{q}{p+q}$ 的居民居住在农村，有比例为 $\dfrac{p}{p+q}$ 的居民居住在城镇.

在实际求解过程中，根据所列方程组的特点，恰当地使用 MATLAB 软件中的函数可以加快对问题的解决.

3.3　概率论与数理统计实践案例

例 3.15　银行开设服务窗口问题. 某居民区有 n 个人, 设有一个银行, 开 m 个服务窗口, 每个窗口都办理所有业务. m 太小, 则经常排长队, m 太大又不经济. 假定在每一指定时刻, 这 n 个人中每一个人是否去银行是独立的, 每个人到银行的概率都是 p. 现要求"营业中任一时刻每个窗口的排队人数 (包括正在被服务的那个人) 不超过 s", 这个事件的概率不小于 α (一般 $\alpha = 0.8, 0.9$ 或 0.95), 则至少需开设多少窗口?

解　利用伯努利分布解决这个问题. 设事件 $A_k = \{$在指定时刻恰有 k 个人在银行办理业务$\}$ $(k=0, 1, 2, \cdots, n)$, 由题设条件知

$$P(A_k) = C_n^k p^k (1-p)^{n-k}.$$

由于 $A_0, A_1, A_2, \cdots, A_n$ 为两两互斥事件, 所以

$$
\begin{aligned}
P(\text{每个窗口人数都不超过 } s) &= P(\text{所有窗口人数不超过 } ms) \\
&= \sum_{k=0}^{ms} C_n^k p^k (1-p)^{n-k} \geqslant \alpha,
\end{aligned}
$$

故求一个最小的自然数 m, 使得上面不等式成立, 此 m 就是问题的答案.

为便于计算, 假定某居民区有 $n=1$ 亿人, 每个人到银行的概率 $p = 0.001$, 窗口的排队人数不超过 3 人, 即 $s=3$, 可以通过 MATLAB 编程求出满足要求的最小 m.

例 3.16 从某厂生产的滚珠中随机抽取 10 个, 测得滚珠的直径 (单位: mm) 为 15.14, 15.81, 15.11, 15.26, 15.08, 15.17, 15.12, 15.95, 15.05, 15.87. 若滚珠直径服从正态分布 $N(\mu, \sigma^2)$, 其中 μ, σ 未知, 求 μ, σ 的极大似然估计和置信水平为 90% 的置信区间.

解 MATLAB 统计工具箱中的 normfit 函数用来根据观测值求正态总体均值 μ 和标准差 σ 的最大似然估计和置信区间. 调用方法如下:

```
x=[15.14 15.81 15.11 15.26 15.08 15.17 15.12 15.95 15.05 15.87]; % 样本
观测值向量
% 调用 normfit 函数求正态总体参数的最大似然估计和置信区间
% 返回总体均值的最大似然估计 muhat 和 90 % 置信区间 muci
% 返回总体标准差的最大似然估计 sigmahat 和 90 % 置信区间 sigmaci
[muhat, sigmahat, muci, sigmaci] = normfit(x, 0.1)
```

得到结果为 muhat = 15.3560, sigmahat = 0.3651, muci = [15.1444, 15.5676], sigmaci = [0.2663, 0.6007].

例 3.17 报童的诀窍. 一个报童每天从邮局订购一种报纸, 沿街叫卖. 已知每 100 份报纸全部卖出可获利 7 元. 若当天卖不掉, 第二天降价可全部卖出, 但此时报童每 100 份报纸要赔 4 元. 报童每天售出的报纸数是一个随机变量, 概率分布见表 3.2, 问报童每天订购多少百份报纸最佳?

表 3.2 报童售出报纸数概率

售出报纸数 x/百份	0	1	2	3	4	5
概率 $P(x)$	0.05	0.1	0.25	0.35	0.15	0.1

解 设报童每天订购 Q 百份报纸, 每天报纸的需求数为 x 百份, 则每天的收益函数为

$$
y(x) = \begin{cases} 7x - 4(Q-x) = 11x - 4Q, & x \leqslant Q, \\ 7Q, & x > Q. \end{cases}
$$

利润的期望为

$$
E(y(x)) = \sum_{x=0}^{Q} (11x - 4Q)P(x) + \sum_{x=Q+1}^{5} 7QP(x),
$$

分别求出 $Q = 0$, $Q = 1$, $Q = 2$, $Q = 3$, $Q = 4$, $Q = 5$ 的利润期望为

$$
E(y(x))|_{Q=0} = 0, \quad E(y(x))|_{Q=1} = 6.45, \quad E(y(x))|_{Q=2} = 11.8,
$$

$$
E(y(x))|_{Q=3} = 14.4, \quad E(y(x))|_{Q=4} = 13.15, \quad E(y(x))|_{Q=5} = 10.25.
$$

所以订 3 百份报纸最佳.

例 3.18　狼来了的故事. 假设小孩第一次喊狼来了是半真半假, 他说假话时狼来了的概率为 0.25, 他说真话时狼来了的概率是 0.8. 当他说了两次假话后, 人们还会相信狼真的来了吗?

解　设 A_i 表示"小孩第 i 次喊话时, 狼没来", B_i 表示"小孩第 i 次说谎", 则

$$P(B_1) = P(\bar{B}_1) = 0.5, \quad P(\bar{A}_1|B_1) = 0.25, \quad P(\bar{A}_1|\bar{B}_1) = 0.8.$$

人们第一次受骗的概率为

$$P(A_1) = P(B_1)P(A_1|B_1) + P(\bar{B}_1)P(A_1|\bar{B}_1) = 0.475;$$

人们第一次受骗后, 小孩说谎概率为

$$P(B_1|A_1) = \frac{P(B_1)P(A_1|B_1)}{P(A_1)} \approx 0.7895;$$

人们第二次受骗的概率为

$$P(A_2) = P(B_2)P(A_2|B_2) + P(\bar{B}_2)P(A_2|\bar{B}_2) \approx 0.6342;$$

同时, 小孩说谎概率为

$$P(B_2|A_2) = \frac{P(B_2)P(A_2|B_2)}{P(A_2)} \approx 0.9336.$$

结果表明, 人们受了两次骗后, 第三次一般不会再相信或帮助爱说谎的孩子.

例 3.19　免费抽奖问题. 商场为追求利润, 推出各种促销活动, 其中免费抽奖、有奖酬宾对消费者而言, 颇具诱惑力和吸引力. 根据某商家操作程序, 作出分析.

第一步: 将所有商品价格上涨 30%;

第二步: 凡在商场购买 100 元消费者可免费抽奖一次;

第三步: 抽奖方式为, 箱中有 20 个球, 其中 10 白、10 红, 从中抽出 10 个球, 根据抽出来球的颜色确定奖品 (表 3.3).

表 3.3　中奖等级及奖品

等级	球颜色及个数	奖品	价值
1	10 个白球或 10 个红球	电磁炉一台	1000 元
2	1 红 9 白或 1 白 9 红	不锈钢餐具一套	100 元
3	2 红 8 白或 2 白 8 红	沐浴露一瓶	30 元
4	3 红 7 白或 3 白 7 红	毛巾一条	5 元
5	4 红 6 白或 4 白 6 红	香皂一块	2 元
6	5 红 5 白	透明皂一块	1 元

解 各等级中奖概率为

$$P_1 = \frac{2}{C_{20}^{10}} = 1.08 \times 10^{-5}, \quad P_2 = \frac{2C_{10}^1 C_{10}^9}{C_{20}^{10}} = 1.08 \times 10^{-3}, \quad P_3 = \frac{2C_{10}^2 C_{10}^8}{C_{20}^{10}} = 0.0219,$$

$$P_4 = \frac{2C_{10}^3 C_{10}^7}{C_{20}^{10}} = 0.1559, \quad P_5 = \frac{2C_{10}^4 C_{10}^6}{C_{20}^{10}} = 0.4774, \quad P_6 = \frac{C_{10}^5 C_{10}^5}{C_{20}^{10}} = 0.3437.$$

以 X 表示抽奖后的中奖奖金, 则平均中奖金额为 $E(X) = 2.85$ 元.

消费者购买 100 元的商品, 由于提价缘故多付 30 元, 而中奖的期望不超过 2.85 元, 由此可窥酬宾活动之深浅.

习 题 3

1. 四人追逐试验: 在单位正方形 $ABCD$ 的四个顶点各有 1 人, 设在初始时刻 $t = 0$ 时, 四人同时以匀速 v 出发沿顺时针走向下一个人. 如果他们始终对准下一个人为目标行进, 最终结果会如何. 作出各自的运动轨迹.

2. 科学家利用阻滞增长模型预测美国 1790~1940 年和我国 1978~2000 年的人口数量时, 都取得了满意的结果. 请收集我国 1990~2015 年的人口数据, 以此预测我国 2016~2020 年的人口数据, 并通过 2016~2017 年人口数量检验建立的模型是否有效.

3. 某医院用光电比色计检验尿汞时, 得尿汞含量 x(单位: mg/L) 与消光系数 y: 尿汞含量为 2, 4, 6, 8, 10; 相应消光系数为 64, 134, 205, 285, 360.

(1) 画出散点图;

(2) 如果 y 与 x 之间具有线性相关关系, 计算回归直线方程;

(3) 估计尿汞含量为 9 mg/L 时的消光系数.

4. 广告费问题. 某大型制造企业为了更好地拓展产品市场, 有效地管理库存, 公司董事会要求销售部门根据市场调查, 找出公司产品的销售量与销售价格、广告投入等之间的关系, 从而预测出在不同价格和广告费用下的销售量. 为此, 销售部的研究人员收集了过去 30 个销售周期 (每个销售周期为 4 周) 公司生产的产品销售量、销售价格、投入的广告费用, 以及同期其他厂家生产的同类产品的市场平均销售价格 (表 3.4) .

其中价格差指同类产品平均价格与公司销售价格之差. 试根据这些数据建立一个数学模型, 分析产品销售量与其他因素的关系, 为制定价格策略和广告投入策略提供数量依据.

5. 彩票在现实生活中是彩民的一种生活乐趣, 但也有一些人想一夜"暴富". 针对目前流行的传统型和乐透型彩票, 从数学的角度进行分析、判断, 引导彩民以正确的心态购买彩票.

投注者从 0~9 这 10 个号码中可重复选出 6 个基本号码, 排列成一个 6 位数, 再从 0~4 这 5 个号码中选出 1 个特别号码, 构成一注. 开奖时, 从 0~9 中摇出 6 个基本号码 (可重复), 排列成一个 6 位数, 再从 0~4 中摇出 1 个特别号码, 根据投注号码与开奖号码相符合的情况确定中奖等级.

表 3.4   30 个销售周期产品销售数据

销售周期	价格/元	同类均价/元	广告费/百万元	价差/元	销售量/百万支	销售周期	价格/元	同类均价/元	广告费/百万元	价差/元	销售量/百万支
1	3.85	3.8	5.5	−0.05	7.38	16	3.8	4.1	6.8	0.3	8.87
2	3.75	4	6.75	0.25	8.51	17	3.7	4.2	7.1	0.5	9.26
3	3.7	4.3	7.25	0.6	9.52	18	3.8	4.3	7	0.5	9
4	3.7	3.7	5.5	0	7.5	19	3.7	4.1	6.8	0.4	8.75
5	3.6	3.85	7	0.25	9.33	20	3.8	3.75	6.5	−0.05	7.95
6	3.6	3.8	6.5	0.2	8.28	21	3.8	3.75	6.25	−0.05	7.65
7	3.6	3.75	6.75	0.15	8.75	22	3.75	3.65	6	−0.1	7.27
8	3.8	3.85	5.25	0.05	7.87	23	3.7	3.9	6.5	0.2	8
9	3.8	3.65	5.25	−0.15	7.1	24	3.55	3.65	7	0.1	8.5
10	3.85	4	6	0.15	8	25	3.6	4.1	6.8	0.5	8.75
11	3.9	4.1	6.5	0.2	7.89	26	3.65	4.25	6.8	0.6	9.21
12	3.9	4	6.25	0.1	8.15	27	3.7	3.65	6.5	−0.05	8.27
13	3.7	4.1	7	0.4	9.1	28	3.75	3.75	5.75	0	7.67
14	3.75	4.2	6.9	0.45	8.86	29	3.8	3.85	5.8	0.05	7.93
15	3.75	4.1	6.8	0.35	8.9	30	3.7	4.25	6.8	0.55	9.26

设摇出的基本号码是 $abcdef$, g 为摇出的特别号码, X 为其他号码, 传统型彩票中奖等级对照见表 3.5.

表 3.5   传统型彩票中奖等级对照表

中奖等级	投注者选的基本号码	投注者选的特别号码
一等奖	abcdef	g
二等奖	abcdef	X
三等奖	abcdeX Xbcdef	gX
四等奖	abcdXX XbcdeX XXcdef	gX
五等奖	abcXXX XbcdXX XXcdeX XXXdef	gX
六等奖	abXXXX XbcXXX XXcdXX XXXdeX XXXXef	gX

计算投注中奖的概率.

第4章 几类常见的数学建模方法

由于实际问题千差万别, 数学建模没有统一方法去遵循, 本章给出插值与数据拟合、模糊数学、统计分析等几类常见的方法供参考.

4.1 插值与数据拟合

在数学建模过程中, 通常要处理由试验、测量得到的大量数据或一些过于复杂而不便于计算的函数表达式. 针对此情况, 很自然的想法就是, 构造一个简单的函数作为要考察数据或复杂函数的近似. 插值与数据拟合就可以解决这样的问题.

给定一组数据, 需要确定满足特定要求的曲线 (曲面), 如果所求曲线通过所给定有限个数据点, 这就是插值. 当数据较多时, 插值函数是一个次数很高的函数, 比较复杂, 且插值函数的近似程度也未必高. 同时给定的数据一般由观察测量所得, 往往具有一定的随机性. 因而, 求曲线通过所有数据点不现实也不必要. 如果不要求曲线通过所有数据点, 而是要求它反映对象整体的变化态势, 得到简单实用的近似函数, 这就是曲线拟合. 插值和数据拟合都是根据一组数据构造一个函数作为近似.

4.1.1 插值方法

例 4.1 据资料记载, 某地某年间隔 30 天的日出日落时间见表 4.1.

表 4.1 日出日落时间

	5 月 1 日	5 月 31 日	6 月 30 日
日出	4:51	4:17	4:16
日落	19:04	19:38	19:50

试问: 这一年中哪一天最长.

实际问题遇到的函数, 有许多是利用表格的形式给出的, 例如, 通过试验观测, 得到某个函数 $y = f(x)$ 的一系列数据点 (x_i, y_i) $(i = 0, 1, 2, \cdots, n)$, 但对应于 x 的其他值是未知的. 这种表格函数不利于分析其性质和变化规律, 不能直接求出表中没有列出的函数值. 因此, 我们希望能通过这些数据点, 得到函数的解析表达式, 即使近似的表达式也可以. 插值法是寻求函数近似表达式的有效方法之一.

为此, 从性质优良、便于计算的函数类 $\{P(x)\}$ 中, 选出一个使 $P(x_i) = y_i$ 成

立的 $P(x)$ 作为 $f(x)$ 的近似, 这就是最基本的插值问题. 通常, $x_0, x_1, \cdots, x_n$ 称为插值节点, $\{P(x)\}$ 称为插值函数类, $P(x_i) = y_i (i = 0, 1, \cdots, n)$ 称为插值条件, 求出的函数 $P(x)$ 称为插值函数, $f(x)$ 称为被插值函数.

插值函数类的取法有很多, 可以是代数多项式, 也可以是三角函数多项式或有理函数. 由于代数多项式最简单, 所以常用它来近似表达一些复杂的函数或表格函数.

一维插值方法就有很多, 这里仅介绍 Lagrange 插值和分段多项式插值.

1. Lagrange 插值

如果插值多项式为 $P(x) = \displaystyle\sum_{i=0}^{n} l_i(x) y_i$, 其中 $l_i(x) = \displaystyle\prod_{j=0, j\neq i}^{n} \frac{x - x_j}{x_i - x_j}$, 则称其为 Lagrange 插值多项式, 由 $l_i(x)$ 所表示的 n 次多项式称为以 $x_0, x_1, \cdots, x_n$ 为节点的 Lagrange 插值基函数.

2. 分段线性插值

实际工作中, 并非插值多项次数越高误差越小, 常采用分段多项式插值. 分段多项式插值就是求一个分段 (共 n 段) 多项式 $P(x)$, 使其满足插值条件或更高要求. 注意, 此时要求节点 x_i 从小到大排列.

分段一次多项式插值, 几何上就是用折线代替曲线 $y = f(x)$, 也称折线插值. 分段线性插值多项式 $P_1(x)$ 为

$$P_1(x) = \frac{x - x_i}{x_{i+1} - x_i} y_{i+1} + \frac{x - x_{i+1}}{x_i - x_{i+1}} y_i, \quad x \in [x_i, x_{i+1}], \quad i = 0, 1, \cdots, n-1.$$

3. 分段二次插值

这里插值函数 $P_2(x)$ 是一个二次多项式, 在几何上就是分段抛物线代替曲线 $y = f(x)$, 也称分段抛物线插值, 此时要求有 $2n + 1$ 个节点, 其插值公式为

$$P_2(x) = \frac{(x - x_{2i+1})(x - x_{2i+2})}{(x_{2i} - x_{2i+1})(x_{2i} - x_{2i+2})} y_{2i} + \frac{(x - x_{2i})(x - x_{2i+2})}{(x_{2i+1} - x_{2i})(x_{2i+1} - x_{2i+2})} y_{2i+1}$$
$$+ \frac{(x - x_{2i})(x - x_{2i+1})}{(x_{2i+2} - x_{2i})(x_{2i+2} - x_{2i+1})} y_{2i+2},$$

其中 $x \in [x_{2i}, x_{2i+2}], i = 0, 1, 2, \cdots, n-1$.

现在回到例 4.1. 设由 5 月 1 日开始计算的天数为 x, 5 月 1 日视为第 0 天 (即 $x = 0$), 每一天的时长 (日出与日落之间的时数) 为 14 小时 13 分 $+ T$(因为 5 月 1 日时长为 14 小时 13 分), 于是, 天数和它的时长可以用点 (x, T) 表示. 表中记载的数据对应点为 $(0, 0), (30, 68), (60, 81)$. 将它们代入三点插值公式, 得

$$T = \frac{(x-30)(x-60)}{(0-30)(0-60)} \times 0 + \frac{(x-0)(x-60)}{(30-0)(30-60)} \times 68 + \frac{(x-0)(x-30)}{(60-0)(60-30)} \times 81$$

$$= \frac{x(-55x+5730)}{1800}.$$

这是一抛物线, 函数 T 的极大值点 $x = \frac{5730}{110} = 52.09$, 所以, 最长的一天是 5 月 1 日后的第 52 天, 确切地讲, 是 6 月 22 日. 再由 $T = 83$ 分, 这一天日出与日落的时数为 15 小时 36 分.

4. 样条插值

许多工程技术中提出的计算问题对插值函数的光滑性有较高要求, 如飞机的机翼外形, 内燃机的进气门、排气门的凸轮曲线, 都要求曲线不仅连续, 而且具有连续的曲率, 这即为样条函数提出的背景之一.

样条 (spline) 本来是工程设计中的一种绘图工具, 是富有弹性的细木条或细金属条, 绘图员利用它把已知点连接成一条光滑曲线 (称为样条曲线), 并使连接点处有连续曲率. 三次样条插值就是由此抽象出来的. 数学上将具有一定光滑性的分段多项式称为样条函数. 具体地讲, 给定区间 $[a,b]$ 的一个分划

$$P: a = x_0 < x_1 < \cdots < x_n = b.$$

如果函数 $S(x)$ 满足:

(i) 在每个小区间 $[x_i, x_{i+1}](i = 0, 1, \cdots, n-1)$ 上是 m 次多项式;

(ii) 在区间 $[a,b]$ 上具有 $m-1$ 阶连续导数,

则称 $S(x)$ 为关于分划 P 的 m 次样条函数, 其图形为 m 次样条曲线. 显然, 折线是一次样条曲线.

利用样条函数进行插值, 称为样条插值. 分段线性插值为一次插值. 这里介绍三次插值, 即已知函数 $y = f(x)$ 在区间 $[a,b]$ 上的 $n+1$ 个节点的值 $y_i = f(x_i)$ ($i = 0, 1, \cdots, n$), 计算插值函数 $S(x)$, 使得: $S(x)$ 为三次多项式, 在区间 $[a,b]$ 上 2 阶可导, 且 $S(x_i) = y_i$ ($i = 0, 1, \cdots, n$). 不妨记

$$S(x) = \{S_i(x) = a_i x^3 + b_i x^2 + c_i x + d_i, x \in [x_i, x_{i+1}], i = 0, 1, \cdots, n-1\},$$

其中 a_i, b_i, c_i, d_i 为待定系数, 共 $4n$ 个. 由此得到 $4n-2$ 个方程

$$\begin{cases} S(x_i) = y_i & (i = 0, 1, \cdots, n), \\ S_i(x_{i+1}) = S_{i+1}(x_{i+1}), \\ S_i'(x_{i+1}) = S_{i+1}'(x_{i+1}) & (i = 0, 1, \cdots, n-2), \\ S_i''(x_{i+1}) = S_{i+1}''(x_{i+1}). \end{cases}$$

为求解 $4n$ 个待定系数, 需要考虑边界条件. 常用的边界条件有三种类型:

(i) $S'(a) = y_0', S'(b) = y_n';$

(ii) $S''(a) = y_0'', S''(b) = y_n'',$ 称为自然边界条件;

(iii) $S'(a+0) = S'(b-0), S''(a+0) = S''(b-0),$ 称为周期条件.

4.1.2　数据拟合

已知一组互异数据点 (x_i, y_i) $(i = 1, 2, \cdots, n)$, 寻求一个函数 (曲线) $y = f(x)$, 使 $f(x)$ 在某一准则下与所有数据点最为接近, 即曲线拟合得最好. 最小二乘法是解决曲线拟合最常用的方法. 通常, 称 $y = f(x)$ 为拟合函数 (曲线), $\delta_i = f(x_i) - y_i$ $(i = 1, 2, \cdots, n)$ 为拟合函数 $f(x)$ 在点 x_i 处的偏差或残差.

设拟合函数 $f(x) = a_1 r_1(x) + a_2 r_2(x) + \cdots + a_m r_m(x)$ $(m < n)$, 其中 $r_k(x)$ $(k = 1, 2, \cdots, m)$ 为事先选定的一组线性无关函数, 称为基函数, a_k 是待定系数, n 个点 y_i 与 $f(x_i)$ 的差的平方和 $\sum\limits_{i=1}^{n} \delta_i^2$ 最小, 称为**最小二乘准则**. 根据最小二乘准则确定拟合函数 $f(x)$ 的方法称为**最小二乘法**.

当基函数为 1, x, $\cdots$, x^{m-1} 时, 相应的拟合称为多项式拟合; 当基函数为 $\mathrm{e}^{\lambda_1 x}, \mathrm{e}^{\lambda_2 x}, \cdots, \mathrm{e}^{\lambda_m x}$ 时, 相应的拟合称为指数拟合; 当基函数为 $\sin x, \cos x, \sin 2x, \cos 2x, \cdots, \sin mx, \cos mx$ 时, 相应拟合称为三角函数拟合.

(1) 系数 a_k 的确定. 设 $F(a_1, a_2, \cdots, a_m) = \sum\limits_{i=1}^{n} \delta_i^2 = \sum\limits_{i=1}^{n} (f(x_i) - y_i)^2$, 求 a_1, $a_2, \cdots, a_n$ 使 F 最小, 由多元函数极值求法, 令

$$\frac{\partial F}{\partial a_k} = 0, \quad k = 1, 2, \cdots, m.$$

记 $R = \begin{pmatrix} r_1(x_1) & \cdots & r_m(x_1) \\ \vdots & & \vdots \\ r_1(x_n) & \cdots & r_m(x_n) \end{pmatrix}_{n \times m}$, $A = (a_1, a_2, \cdots, a_m)^{\mathrm{T}}, Y = (y_1, y_2, \cdots, y_n)^{\mathrm{T}},$ 则上述方程组可表示为 $R^{\mathrm{T}} R A = R^{\mathrm{T}} Y.$

当 $r_1(x), r_2(x), \cdots, r_m(x)$ 线性无关时, R 列满秩, $R^{\mathrm{T}} R$ 可逆, 则方程组有唯一解

$$A = (R^{\mathrm{T}} R)^{-1} R^{\mathrm{T}} Y.$$

(2) 函数 $r_k(x)$ 的选取. 最小二乘法中, 拟合函数的选择是重要的, 它可以通过对给定数据的分析来选择 (通过散点图中数据点的分布确定大致曲线的形态), 也可以直接由实际问题选定. 最常用的是多项式和样条函数, 尤其是当不清楚选择什么样的拟合函数时, 通常可选择考虑样条函数. 样条函数可查阅相关文献.

对同一问题, 也可选择不同的函数进行最小二乘拟合, 比较各自误差的大小,

从中选定误差较小的作为拟合函数. 一般常用曲线有: 直线 $y = a_1 + a_2 x$; 多项式 $y = a_1 + a_2 x + \cdots + a_{m+1} x^m$; 双曲线 $y = a_1 + \dfrac{a_2}{x}$; 指数曲线 $y = a e^{bx}$.

例 4.2 2020 年世界人口数是多少? 据统计, 20 世纪 60 年代世界人口增长情况见表 4.2.

表 4.2 世界人口数 (单位: 百万)

年份	1960	1961	1962	1963	1964	1965	1966	1967	1968
人口	2972	3061	3151	3213	3234	3285	3356	3420	3483

试求最佳拟合曲线, 并预测 2020 年世界人口数.

解 所谓最佳拟合曲线, 就是根据所给数据资料建立人口 N 与时间 t 之间的函数关系的经验公式 (也称近似公式)$N = N(t)$, 使得 $N = N(t)$ 的曲线尽可能与所给数据拟合. 这里涉及两个问题, 一是如何确定经验公式; 二是何谓 "尽可能拟合好".

对于该人口问题, 根据人口增长的统计资料和人口理论模型知道, 当人口总数不是很大时, 人口增长接近指数曲线. 因此, 采用指数函数 $N = e^{a+bt}$ 对数据进行拟合. 为便于计算, 取对数 $z = \ln N = a + bt$. 令

$$Q = \sum_{i=1}^{9} (z_i - \ln N_i)^2 = \sum_{i=1}^{9} (a + bt_i - \ln N_i)^2,$$

其中 t_i 依次取 $1960, 1961, \cdots, 1968, N_i$ 为相应的人口数. 利用二元函数极值的必要条件, 得

$$\frac{\partial Q}{\partial a} = 2\sum_{i=1}^{9}(a + bt_i - \ln N_i) = 0, \quad \frac{\partial Q}{\partial b} = 2\sum_{i=1}^{9}(a + bt_i - \ln N_i) = 0.$$

代入相关数据, 求得 $\bar{a} = -26.4258, \bar{b} = 0.01757$. 于是, $N = e^{-26.4258 + 0.01757t}$. 所以,

$$N(2020) = e^{-26.4258 + 0.01757 \times 2020} \approx 106.0533(亿).$$

表 4.3 列出按此模型计算 1960 年到 1968 年世界人口数与实际数据的误差, 从中可以看到建立的模型达到很好的拟合目的.

表 4.3 误差表

年份	1960	1961	1962	1963	1964	1965	1966	1967	1968
拟合人口数	3015	3069	3123	3178	3235	3292	3350	3410	3470
误差/%	1.4	0.2	−0.9	−1.1	0.03	0.2	−0.2	−0.3	−0.4

4.1.3 数据拟合 MATLAB 实现

将数据点按多项式的形式进行拟合, 使用最小二乘法, 可以确定多项式系数. 多项式拟合有指令语句和图形窗口两种方法. 在图形窗口中可以用菜单方式对数

据进行简单、快速、高效拟合: 先画出数据点, 然后在图形窗口单击 Tools-Basic Fitting, 打开对话框, 按图中所示进行操作, 并根据图中显示效果进行调整.

多项式拟合指令为 polyfit(x,y,n), 其中 n 为多项式的次数; polyval(p,xi) 为计算多项式的值. 例如, 对以下数据进行拟合:

x	1	2	3	4	5	6	7	8	9
y	9	7	6	3	−1	2	5	7	20

拟合命令如下:

```
x=[1 2 3 4 5 6 7 8 9];y=[9 7 6 3 -1 2 5 7 20];
p=polyfit(x,y,3);  % 拟合为三次多项式
xi=0:0.2:10;yi=polyval(p,xi);plot(xi,yi,x,y,'r*');
```

得到的原始数据与拟合曲线对照如图 4.1 所示.

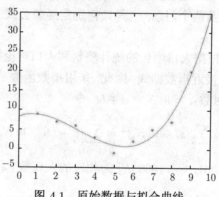

图 4.1　原始数据与拟合曲线

在 MATLAB 中, 也可按指定函数进行拟合. 通过下面例子读者可以了解按照指定函数拟合的基本方法. 在某次阻尼振荡实验中测得数据如表 4.4 所示.

表 4.4　数据点坐标

x	0	0.4	1.2	2	2.8	3.6	4.4	5.2	6
y	1	0.85	0.29	−0.27	−0.53	−0.4	−0.12	0.17	0.28
x	7.2	8	9.2	10.4	11.6	12.4	13.6	14.4	15
y	0.15	−0.03	−0.15	−0.071	0.059	0.08	0.032	−0.015	−0.02

已知表 4.4 中数据对应的函数形式为 $f(t) = a\cos(kt)e^{wt}$, 利用 MATLAB 进行拟合:

```
syms t;
x=[0;0.4;1.2;2;2.8;3.6;4.4;5.2;6;7.2;8;9.2;10.4;11.6;12.4;13.6;
   14.4;15];
y=[1;0.85;0.29;-0.27;-0.53;-0.4;-0.12;0.17;0.28;0.15;-0.03;-0.15;
   -0.071;0.059;0.08;0.032;-0.015;-0.02];
```

```
% 注意此处数据必须为列向量的形式
f=fittype('a*cos(k*t)*exp(w*t)','independent','t','coefficients',
   {'a','k','w'});
cfun=fit(x,y,f)  % 显示拟合函数
xi=0:0.1:20; yi=cfun(xi);
plot(x,y,'r*',xi,yi,'b-');
```

运行程序, 结果 a=0.9987, k=1.001, w=−0.2066, 即 $f(t) = 0.9987\cos(1.001t)\cdot$
$e^{-0.2066t}$, 从图 4.2 可以看出拟合曲线给出了数据大致趋势, 效果很好.

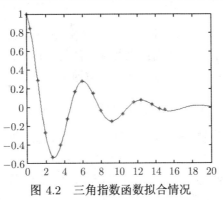

图 4.2 三角指数函数拟合情况

4.1.4 插值与拟合方法的选择

在实际应用中, 究竟选择插值还是拟合比较恰当? 总的原则是根据实际问题的特点来确定采用哪种方法. 具体讲, 从以下两个方面考虑: 一是如果给定的数据少且被认为是精确的, 那么宜选择插值方法. 采用插值方法可以保证插值函数与被插值函数在插值节点处完全相等. 二是如果给定的数据量很大, 并非必须严格遵守, 而是起定性控制作用, 那么宜采用拟合方法. 这是因为, 一方面试验或统计数据本身往往具有测量误差, 如果要求所得的函数与所给数据完全吻合, 就会使所求函数保留原有的测量误差; 另一方面, 试验或统计数据通常很多, 且具有一定的随机性和波动性, 如果采用插值方法, 不仅计算麻烦, 而且逼近效果也不好.

插值与数据拟合的 MATLAB 实现请读者参阅相关参考书.

4.2 模糊数学方法

在实际问题中, 存在着大量不确定的量, 这些不确定的量, 如果是随机的, 可利用随机数学方法解决, 但如果是模糊的量, 就需要采用模糊数学的方法予以解决. 所谓模糊数学, 就是利用经典的数学知识解释、解决实际工作中的模糊现象.

4.2.1　模糊数学基本概念

对于论域 U 的每个元素和某一子集 A, 在经典数学中, 要么 $x \in A$, 要么 $x \notin A$. 描述这一事实的是特征函数 $\chi_A(x) = \begin{cases} 1, & x \in A, \\ 0, & x \notin A, \end{cases}$ 即集合 A 由特征函数唯一确定.

所谓论域 U 上的模糊集合 A 是指: 对任意 x, 以值域在 $[0,1]$ 的函数 $\mu_A(x)$ 描述元素 x 属于 A 的程度, $\mu_A(x) = 1$ 表示 x 完全属于 A; $\mu_A(x) = 0$ 表示 x 完全不属于 A, $\mu_A(x)$ 越接近 1, 表示属于 A 的程度越高. 这个函数称为模糊数学的隶属函数, 即

$$\mu_A : U \longrightarrow [0,1], \quad x \longrightarrow \mu_A(x) \in [0,1].$$

隶属函数是模糊数学的核心, 采用模糊数学方法解决问题, 毫无例外离不开隶属函数. 当论域 $U = \{x_1, x_2, \cdots, x_n\}$ 时, 隶属函数通常表示为

$$A = (\mu_A(x_1), \mu_A(x_2), \cdots, \mu_A(x_n)).$$

隶属函数通常采用模糊统计方法、例证法和指派法. 下面重点给出指派法确定隶属函数.

指派法是一种主观的方法, 它主要依据人们的实践经验来确定某些模糊集合的隶属函数. 如果模糊集定义在实数域上, 则隶属函数称为模糊分布. 常见的几个模糊分布如表 4.5 所示.

表 4.5　常见的模糊分布 $\mu_A(x)$

	偏小型	中间型	偏大型
矩阵分布	$\begin{cases} 1, & x \leqslant a \\ 0, & x > a \end{cases}$	$\begin{cases} 1, & a \leqslant x \leqslant b \\ 0, & x < a, x > b \end{cases}$	$\begin{cases} 1, & x \geqslant a \\ 0, & x < a \end{cases}$
梯形分布	$\begin{cases} 1, & x < a \\ \dfrac{b-x}{b-a}, & a \leqslant x \leqslant b \\ 0, & x > b \end{cases}$	$\begin{cases} \dfrac{x-a}{b-a}, & a \leqslant x \leqslant b \\ 1, & b < x < c \\ \dfrac{d-x}{d-c}, & c \leqslant x \leqslant d \\ 0, & x < a, x > d \end{cases}$	$\begin{cases} 0, & x < a \\ \dfrac{x-a}{b-a}, & a \leqslant x \leqslant b \\ 1, & x > b \end{cases}$
正态分布	$\begin{cases} 1, & x \leqslant a \\ f_1(x), & x > a \end{cases}$	$f_1(x)$	$\begin{cases} 0, & x \leqslant a \\ 1 - f_1(x), & x > a \end{cases}$
Γ 分布	$\begin{cases} 1, & x \leqslant a \\ f_2(x), & x > a, k > 0 \end{cases}$	$\begin{cases} \mathrm{e}^{k(x-a)}, & x < a \\ 1, & a \leqslant x \leqslant b \\ \mathrm{e}^{-k(x-b)}, & x > b \end{cases}$	$\begin{cases} 0, & x < a \\ 1 - f_2(x), & x \geqslant a \end{cases}$
柯西分布	$\begin{cases} 1, & x \leqslant a \\ f_3(x), & x > a \end{cases}$	$f_3(x)$	$\begin{cases} 0, & x \leqslant a \\ f_4(x), & x > a \end{cases}$

注: $f_1(x) = \mathrm{e}^{-\left(\frac{x-a}{\sigma}\right)^2}$, $f_2(x) = \mathrm{e}^{-k(x-a)}$ $(k > 0)$, $f_3(x) = \dfrac{1}{1 + \alpha(x-a)^\beta}$, $f_4(x) = \dfrac{1}{1 + \alpha(x-a)^{-\beta}}$ $(\alpha > 0, \beta > 0)$.

实际中, 偏小型模糊分布一般适合描述 "小""少""疏" 等模糊现象, 偏大型模糊分布一般适合描述 "大""多""密" 等模糊现象, 中间型模糊分布则多用于描述 "适中" 的模糊现象. 但这些方法所给出的隶属函数都是近似的, 应用时需要对实际问题进行具体分析, 逐步进行修订完善, 最后得到近似程度好的隶属函数.

两个基本的模糊运算 (称为 Zadeh 运算): $a \wedge b = \min\{a, b\}$, $a \vee b = \max\{a, b\}$.

4.2.2 模糊贴近度

设基于论域 $U = \{x_1, x_2, \cdots, x_n\}$ 存在两个模糊集合

$$A = (a_1, a_2, \cdots, a_n), \quad B = (b_1, b_2, \cdots, b_n).$$

定义 A 与 B 之间的贴近度 $\sigma(A, B)$ 满足:

(i) $0 \leqslant \sigma(A, B) \leqslant 1$;

(ii) $\sigma(A, B) = \sigma(B, A)$;

(iii) $\sigma(A, A) = 1$.

具体有以下计算公式:

(1) $\sigma(A, B) = 1 - \dfrac{1}{n} \sum\limits_{k=1}^{n} |a_k - b_k|$;

(2) $\sigma(A, B) = 1 - \dfrac{1}{n} \sqrt{\sum\limits_{k=1}^{n} (a_k - b_k)^2}$;

(3) $\sigma(A, B) = \dfrac{2(A, B)}{(A, A) + (B, B)}$, 这里 $(A, B) = \sum\limits_{k=1}^{n} a_k b_k, (A, A) = \sum\limits_{k=1}^{n} a_k^2$;

(4) $\sigma(A, B) = \dfrac{(A, B)}{|A||B|} \times \dfrac{\min\{|A|, |B|\}}{\max\{|A|, |B|\}}$, 这里 $|A| = \sqrt{(A, A)}, |B| = \sqrt{(B, B)}$.

需要说明是: ①上述定义的四种模糊贴近度并不是固定不变的, 读者可以根据实际问题的需要定义新的贴近度; ②贴近度主要用于识别问题或排序问题.

已知标准集合 $A_1, A_2, \cdots, A_n$ 和未知集合 B, 确认集合 B 归于 A_j 中的哪一类, 这是识别问题. 例如, 已知国家水质标准分 I 类、II 类、III 类、IV 类、V 类和劣 V 类, 若测得某地区水质各项指标, 需要确认该地区属于哪类水质.

例 4.3　设标准库集合 $A_1 = (0.3, 0.3, 0.5, 0.3)$, $A_2 = (0.3, 0.3, 0.4, 0.3)$, $A_3 = (0.2, 0.3, 0.3, 0.3)$, 待识别集合 $B = (0.2, 0.3, 0.4, 0.3)$. 利用公式 (4) 计算贴近度分别为

$$\sigma(B, A_1) = 0.788, \quad \sigma(B, A_2) = 0.860, \quad \sigma(B, A_3) = 0.939,$$

由此集合 B 与集合库中 A_3 最为接近, 因此 B 归于 A_3 类.

4.2.3　模糊聚类

在许多实际问题中, 需要按照一定标准对研究对象进行分类. 例如, 根据水的成分对水质污染进行等级分类. 这种对所研究对象按照一定规则进行分类的数学方法称为聚类分析. 聚类方法有多种, 这里给出模糊聚类方法.

设论域 $U = \{x_1, x_2, \cdots, x_n\}$ 为分类研究对象, 每个对象由 m 个指标表征其性态:

$$x_i = (x_{i1}, x_{i2}, \cdots, x_{in}\}, \quad i = 1, 2, \cdots, m.$$

于是得到原始数据矩阵 $A = (a_{ij})_{n \times m}$. 由于各指标量纲不一致, 且矩阵 A 一般不是模糊矩阵 (元素 $a_{ij} \in [0, 1]$ 的矩阵称为模糊矩阵), 因此在模糊聚类之前, 需要对原始矩阵 A 进行无量纲化和标准化处理, 建立模糊相似矩阵 (主对角线元素为 1 的对称矩阵). 处理的一般办法是:

令 $x'_{ij} = \dfrac{x_{ij} - \bar{x}_j}{s_j}$ $(i = 1, 2, \cdots, n; \, j = 1, 2, \cdots, m)$, 其中 $\bar{x}_j, s_j$ 分别表示 x_{ij} 的样本均值和样本标准差, 即

$$\bar{x}_j = \frac{1}{n} \sum_{i=1}^{n} x_{ij}, \quad s_j = \left(\frac{1}{n-1} \sum_{i=1}^{n} (x_{ij} - \bar{x}_j)^2 \right)^{\frac{1}{2}}, \quad j = 1, 2, \cdots, m.$$

再令

$$x''_{ij} = \frac{x'_{ij} - \min_{1 \leqslant i \leqslant n} \{x'_{ij}\}}{\max_{1 \leqslant i \leqslant n} \{x'_{ij}\} - \min_{1 \leqslant i \leqslant n} \{x'_{ij}\}}, \quad j = 1, 2, \cdots, m,$$

即得到模糊矩阵 (以下仍记为 $A = (x_{ij})$).

在此基础上, 建立模糊相似矩阵 $R = (r_{ij})_{n \times n}$, 其方法有数量积法、夹角余弦法、指数相似系数法、算术平均值法、几何平均值法、海明距离法、欧氏距离法、主观评分法等, 至于具体问题采用哪个方法, 不能一概而论, 只要实现解决问题的目的即可. 这里仅给出欧氏距离法:

$$r_{ij} = 1 - \alpha d(x_i, x_j), \quad d(x_i, x_j) = \sqrt{\sum_{k=1}^{m} (x_{ik} - x_{jk})^2}, \quad i, j = 1, 2, \cdots, n,$$

其中 α 为保证 $r_{ij} \in [0, 1]$ 的调整系数.

建立了模糊相似矩阵后, 即可利用直接聚类方法进行分类. 所谓直接聚类, 就是一种直接由模糊相似矩阵求出聚类图的方法:

(1) 取 $\lambda_1 = 1$(最大值), 对每个 x_i 作相似类 $[x_i]_R = \{x_i | r_{ij} = 1\}$, 即满足 $r_{ij} = \lambda_1 = 1$ 的 x_i 与 x_j 视为一类, 构成相似类. 不同的相似类之间可能有公共元素, 将含有公共元素的相似类合并, 即得到 $\lambda_1 = 1$ 水平的等价类.

(2) 取 λ_2 $(< \lambda_1)$ 为次最大值, 从 R 中直接找出相似水平为 λ_2 的相似对 (x_i, x_j)(即 $r_{ij} = \lambda_2$), 将对应于 λ_1 的等价类中 x_i 所在的类和 x_j 所在的类合并, 将所有这些子类合并后, 即得到 λ_2 水平的等价类.

(3) 依次取 $\lambda_3, \lambda_4, \cdots, \lambda_n$ 按照上述模式得到相应水平的等价类.

上述的 λ 称为阈值. 不同的阈值得到不同的分类, 从而形成一个动态聚类图. 但在实际问题中, 哪个阈值对应的分类比较切合实际, 一般有两种办法确定: 一是根据具体的实际问题确定; 二是用 F 统计量的方法确定 (参见相应的参考书).

例 4.4 某地区有 11 个雨量观测站, 表 4.6 为 10 年来这 11 个观测站测到的年降雨量. 请将这 11 个观测站分类, 以便科学布局观测站.

表 4.6 10 年来观测站雨量观测值

	x_1	x_2	x_3	x_4	x_5	x_6	x_7	x_8	x_9	x_{10}	x_{11}
1	276	324	159	413	292	258	311	303	175	243	320
2	251	287	349	344	310	454	285	451	402	307	470
3	192	433	290	563	479	502	221	220	320	411	232
4	246	232	243	281	267	310	273	315	285	327	352
5	291	311	502	388	330	410	352	267	603	290	292
6	466	158	224	178	164	203	502	320	240	278	350
7	258	327	432	401	361	381	301	413	402	199	421
8	453	365	357	452	384	420	482	228	360	316	252
9	158	271	410	308	283	410	201	179	430	342	185
10	324	406	235	520	442	520	358	343	251	282	371

构造模糊相似矩阵 $R = (r_{ij})_{11 \times 11}$, 矩阵中元素

$$r_{ij} = \frac{\sum\limits_{k=1}^{10} |x_{ik} - \bar{x}_i||x_{jk} - \bar{x}_j|}{\left(\sum\limits_{k=1}^{10} (x_{ik} - \bar{x}_i)^2 \sum\limits_{k=1}^{10} (x_{jk} - \bar{x}_j)^2 \right)^{\frac{1}{2}}},$$

其中 $\bar{x}_i = \dfrac{1}{10} \sum\limits_{k=1}^{10} x_{ik}, \bar{x}_j = \dfrac{1}{10} \sum\limits_{k=1}^{10} x_{jk}, i, j = 1, 2, \cdots, 11$, 得到

$$R = \begin{pmatrix} 1 & 0.839 & 0.528 & 0.844 & 0.828 & 0.702 & 0.995 & 0.671 & 0.431 & 0.573 & 0.712 \\ & 1 & 0.542 & 0.996 & 0.989 & 0.899 & 0.855 & 0.510 & 0.475 & 0.617 & 0.572 \\ & & 1 & 0.562 & 0.585 & 0.697 & 0.571 & 0.551 & 0.962 & 0.642 & 0.568 \\ & & & 1 & 0.992 & 0.908 & 0.861 & 0.542 & 0.499 & 0.639 & 0.607 \\ & & & & 1 & 0.922 & 0.843 & 0.526 & 0.512 & 0.686 & 0.584 \\ & & & & & 1 & 0.726 & 0.455 & 0.667 & 0.596 & 0.511 \\ & & & & & & 1 & 0.676 & 0.489 & 0.587 & 0.719 \\ & & & & & & & 1 & 0.467 & 0.678 & 0.994 \\ & & & & & & & & 1 & 0.484 & 0.485 \\ & & & & & & & & & 1 & 0.688 \\ & & & & & & & & & & 1 \end{pmatrix}.$$

取 $\lambda_1 = 1$, 则分 11 类:$\{x_1\}, \{x_2\}, \cdots, \{x_{11}\}$.

取 $\lambda_2 = 0.996$, 则 $r_{24} = \lambda_2$, 因此, 分 10 类:$\{x_1\}, \{x_2, x_4\}, \{x_3\}, \{x_5\}, \cdots, \{x_{11}\}$. 此时, 如果 x_2 和 x_4 观测点相距较近的话, 可以撤掉其中一个观测点以节省成本, 并不影响观测.

取 $\lambda_3 = 0.995$, 则 $r_{17} = \lambda_3$, 则分 9 类:$\{x_1, x_7\}, \{x_2, x_4\}, \{x_3\}, \{x_5\}, \{x_6\}, \{x_8\}, \cdots, \{x_{11}\}$.

取 $\lambda_4 = 0.994, r_{8,11} = 0.992$, 此时分 8 类.

取 $\lambda_5 = 0.992, r_{45} = 0.992$, 因此 x_4, x_5 归于一类, 基于 λ_2 水平 x_2, x_4 归于一类, 因此, 在该水平 x_2, x_4, x_5 归于一类.

其他类推, 不再一一说明.

4.2.4　模糊综合评判

在实际问题中, 涉及多因素多目标评判的问题比较多, 例如, 体操比赛评判采用总评分数的方法, 即 n 个评委为某运动员评分分别为 $x_1, x_2, \cdots, x_n$, 在去掉一个最高分和一个最低分后, 直接将余下的 $n-2$ 个评委的分数相加, 按得分高低即可确定名次. 如果评委是分层级的, 采用加权计分即可.

但在许多实际问题中, 有时评价因素具有模糊性, 有时评价对象具有模糊性, 这时需要采用模糊评判方法进行评价. 设 $U = \{u_1, u_2, \cdots, u_n\}$ 为研究对象的 n 种因素 (或指标), 称之为因素集, $V = \{v_1, v_2, \cdots, v_m\}$ 为诸因素的 m 种评判构成的评判集, 因素集 U 的权重分别为

$$A = (a_1, a_2, \cdots, a_n), \quad \sum_{k=1}^{n} a_k = 1, \ a_k \geqslant 0.$$

模糊综合评判的一般步骤 (通常称 (U, V, R) 为模糊综合评判模型):

(1) 确定因素 (指标) 集 $U = \{u_1, u_2, \cdots, u_n\}$ 及权重集 $A = (a_1, a_2, \cdots, a_n)$;

(2) 确定评判集 $V = \{v_1, v_2, \cdots, v_n\}$;

(3) 确定模糊评判矩阵 $R = (r_{ij})_{n \times m}$;

(4) 综合评判 $B = (b_1, b_2, \cdots, b_m) = AR$.

解决问题的关键在 (3). 权重的确定一般有两个方法: 一是主观确定法, 二是层次分析法 (4.5 节将讲授); (4) 还有其他的计算方法, 这里不再列出.

在实际问题中, 可能还会出现多层次模糊综合评判问题, 请读者参阅相应参考文献.

例 4.5 某矿有 5 个边坡设计方案, 各项参数根据分析计算结果得到各方案的参数见表 4.7.

表 4.7 设计方案数据表

项目	方案 1	方案 2	方案 3	方案 4	方案 5
可采矿量/万吨	4700	6700	5900	8800	7600
基建投资/万元	5000	5500	5300	6800	6000
采矿成本/(元/吨)	4.0	6.1	5.5	7.0	6.8
不稳定费用/万元	30	50	40	200	160
万元净利润/万元	1500	700	1000	50	100

据勘察, 该矿探明储量为 8800 万吨, 开采总投资不超过 8000 万元, 试作出各方案的优劣排序, 选出最佳方案.

解 首先确定隶属函数.

(1) 可采矿量的隶属函数. 由于勘察的地质储量为 8800 万吨, 因此可建立隶属函数

$$\mu_A(x) = \frac{x}{8800}.$$

(2) 投资约束是 8000 万元, 因此 $\mu_B(x) = 1 - \dfrac{x}{8000}$.

(3) 根据专家意见, 采矿成本 $a_1 \leqslant 5.5$ 元/吨为低成本, $a_2 = 8.0$ 元/吨为高成本, 因此

$$\mu_C(x) = \begin{cases} 1, & 0 \leqslant x \leqslant a_1, \\ \dfrac{a_2 - x}{a_2 - a_1}, & a_1 < x < a_2, \\ 0, & a_2 \leqslant x. \end{cases}$$

(4) 不稳定费用隶属函数 $\mu_D(x) = 1 - \dfrac{x}{200}$.

(5) 万元净利润隶属函数. 取上限 15 百万元、下限 0.5 百万元, 采用线性隶属函数

$$\mu_E(x) = \frac{1}{15 - 0.5}(x - 0.5).$$

根据以上隶属函数的定义, 计算 5 个方案所对应的隶属度如表 4.8 所示.

表 4.8　隶属度

项目	方案 1	方案 2	方案 3	方案 4	方案 5
可采矿量 A/万吨	0.5341	0.7614	0.6705	1	0.8636
基建投资 B/万元	0.3750	0.3125	0.3375	0.15	0.25
采矿成本 C/(元/吨)	1	0.76	1	0.4	0.48
不稳定费用 D/万元	0.85	0.75	0.8	0	0.2
万元净利润 E/万元	1	0.4480	0.6552	0	0.0345

以此即确定了模糊矩阵 $R = \begin{pmatrix} 0.5341 & 0.7614 & 0.6705 & 1 & 0.8636 \\ 0.3750 & 0.3125 & 0.3375 & 0.15 & 0.25 \\ 1 & 0.76 & 1 & 0.4 & 0.48 \\ 0.85 & 0.75 & 0.8 & 0 & 0.2 \\ 1 & 0.4480 & 0.6552 & 0 & 0.0345 \end{pmatrix}$. 根

据专家意见, 各项目在决策中的权重 $A = (0.25, 0.20, 0.20, 0.10, 0.25)$, 于是得到各项目综合评价为

$$B = AR = (0.7435, 0.5919, 0.6789, 0.3600, 0.3905).$$

由此可知, 方案 1 最佳, 方案 3 次之, 方案 4 最差.

4.3　灰色系统方法

灰色系统理论是研究解决灰色系统分析、建模、预测、决策和控制的理论, 是一般系统论、信息论、控制论的观点和方法在社会、经济、生态等抽象系统中的延伸, 是运用经典数学知识解决信息不完备系统的理论和方法. 灰色系统是指部分信息已知部分信息未知的信息不完备系统.

4.3.1　灰色关联度

灰色关联度是灰色系统中一个非常实用的技术, 是分析向量与向量之间或矩阵与矩阵之间的关联关系. 设基准数列

$$x_0 = (x_0(1), x_0(2), \cdots, x_0(n)),$$

m 个比较数列

$$x_i = (x_i(1), x_i(2), \cdots, x_i(n)), \quad i = 1, 2, \cdots, m.$$

则比较数列与基准数列在时刻 k 的关联系数定义为

$$\xi_i(k) = \frac{\min\limits_i \min\limits_k |x_0(k) - x_i(k)| + \rho \max\limits_i \max\limits_k |x_0(k) - x_i(k)|}{|x_0(k) - x_i(k)| + \rho \max\limits_i \max\limits_k |x_0(k) - x_i(k)|}, \quad i = 1, 2, \cdots, m.$$

其中 $\rho \in [0, +\infty)$ 为分辨系数, $\min\limits_i \min\limits_k |x_0(k) - x_i(k)|$, $\max\limits_i \max\limits_k |x_0(k) - x_i(k)|$ 为极差. 一般地, ρ 越大, 分辨率越高, 关联系数越大. 不过, 在实际问题中, 一般 $\rho \in [0, 1]$. 但是, 不管 ρ 如何取值, 只改变 $\xi_i(k)$ 的绝对大小, 并不改变关联性的相对强弱. 称

$$r_i = \frac{1}{n} \sum_{k=1}^{n} \xi_i(k)$$

为比较数列 x_i 与基准数列 x_0 的关联度.

如果基准数列为 $x_{0j} = (x_{0j}(1), x_{0j}(2), \cdots, x_{0j}(n)) \ (j = 1, 2, \cdots, s)$, 则称

$$r_{ji} = \frac{1}{n} \sum_{k=1}^{n} \xi_{ji}(k)$$

为比较矩阵 $X = (x_1, x_2, \cdots, x_m)^{\mathrm{T}}$ 与基准矩阵 $X_0 = (x_{01}, x_{02}, \cdots, x_{0s})^{\mathrm{T}}$ 的关联系数, 其中

$$\xi_{ji} = \frac{\min\limits_i \min\limits_k |x_{0j}(k) - x_i(k)| + \rho \max\limits_i \max\limits_k |x_{0j}(k) - x_i(k)|}{|x_0(k) - x_i(k)| + \rho \max\limits_i \max\limits_k |x_{0j}(k) - x_i(k)|},$$

$$j = 1, 2, \cdots, s; \quad i = 1, 2, \cdots, m.$$

r_{ji} 构成关联矩阵 $R = (r_{ji})_{s \times m}$.

例 4.6 某运动员在近 5 年铅球最好成绩以及各专项素质和身体素质资料见表 4.9. 试用表 4.9 中数据对该运动员铅球专项成绩作关联分析, 即以铅球专项为基准因素分析其他各项因素对其关联程度.

在实际问题中, 一般情况下不同数据列具有不同的量纲单位, 而计算关联度时, 必须保持量纲一致. 因此, 在利用关联度解决问题时, 必须对数据列进行无量纲化处理. 另外, 为便于比较, 要求所有数列有一个公共交点. 设原始数列 $x = (x(1), x(2), \cdots, x(n))$, 采用初始化处理

$$\bar{x} = \frac{1}{x(1)} x = \left(1, \frac{x(2)}{x(1)}, \cdots, \frac{x(n)}{x(1)}\right).$$

这样, 既保证无量纲, 也保证所有数列第 1 个元素都是 1, 保证了起点一致.

无量纲化的方式不是唯一的, 例如, 也可以采取以下方式

$$\bar{x} = x(1)x^{-1} = \left(1, \frac{x(1)}{x(2)}, \cdots, \frac{x(1)}{x(n)}\right).$$

将 30 m 加速跑和 100 m 实施第二种处理方式, 其他数据实施第一种处理方式, 得到新的无量纲化数据序列. 将新数据数列代入计算公式, 得到

$$r_1 = 0.558, \quad r_2 = 0.663, \quad r_3 = 0.854, \quad r_4 = 0.776, \quad r_5 = 0.855, \quad r_6 = 0.502,$$

$$r_7 = 0.659, \quad r_8 = 0.582, \quad r_9 = 0.683, \quad r_{10} = 0.689, \quad r_{11} = 0.859, \quad r_{12} = 0.705,$$

$$r_{13} = 0.933, \quad r_{14} = 0.745, \quad r_{16} = 0.726.$$

以此可以看到, 与铅球成绩关联度较大 (从高到低) 的专项是全蹲、3 kg 滑步、高翻、4 kg 原地、挺举、立定跳远、30 m 加速跑和 100 m 等八项, 关联最低的是抓举, 但抓举的关联度超过 0.5. 了解这些, 可以在训练中减少盲目性, 提高训练成绩.

表 4.9　铅球运动员资料

	第 1 年	第 2 年	第 3 年	第 4 年	第 5 年
铅球专项成绩/m	13.60	14.01	14.54	15.64	15.69
4 kg 前抛/m	11.50	13.00	15.15	15.30	15.02
4 kg 后抛/m	13.76	16.36	16.90	16.55	17.30
4 kg 原地/m	12.41	12.70	13.96	14.04	13.46
立定跳远/m	2.48	2.49	2.56	2.64	2.59
高翻/cm	85	85	90	100	105
抓举/kg	55	65	75	80	80
卧推/cm	65	70	75	85	90
3 kg 前抛/m	12.80	15.30	16.24	16.40	17.05
3 kg 后抛/m	15.30	18.40	18.75	17.95	19.30
3 kg 原地/m	12.71	14.50	14.66	15.88	15.70
3 kg 滑步/m	14.78	15.54	16.03	16.87	17.82
立定三级跳远/m	7.64	7.56	7.76	7.54	7.70
全蹲/次	120	125	130	140	140
挺举/kg	80	85	90	90	95
30 m 加速跑	4″2	4″25	4″1	4″06	3″99
100 m	13″1	13″42	12″85	12″72	12″56

关联度矩阵可用于优势分析. 设基准数列为 $Y_1, Y_2, \cdots, Y_m$, 待比较数列为 $X_1, X_2, \cdots, X_n$, 关联度矩阵 $R = (R_{ij})_{m \times n}$, 若某一列元素的值均不低于其他各列对应元素的值, 即 $r_{jk} \geqslant r_{js}$ $(s \neq k, s = 1, 2, \cdots, n; j = 1, 2, \cdots, m)$, 则称第 k 个待比较数列为优势因素; 若某一行元素的值均不低于其他各行对应元素的值, 即 $r_{ip} \geqslant r_{it}$ $(t \neq p, t = 1, 2, \cdots, n; i = 1, 2, \cdots, m)$, 则称第 p 个基准因子为优势基准因子.

在实际问题中, 某行或某列所有元素都不低于其他各行或各列对应元素的值难以保证, 只要不低于的个数较多, 一般也可以进行优势分析.

例 4.7   表 4.10 是 1999~2003 年某地区对于工业、农业、交通等的投资数据, 表 4.11 是该地区期间主要项目的收入数据. 请研究投资对经济的影响, 进行优势分析.

表 4.10   某地区投资数据

投资项目	1999	2000	2001	2002	2003
固定资产投资 X_1	308.58	310	295	346	367
工业投资 X_2	195.4	189.4	187.2	205	222.7
农业投资 X_3	24.6	21	12.2	15.1	14.57
科技投资 X_4	20	25.6	23.3	29.2	30
交通投资 X_5	18.98	19	22.3	23.5	27.655

表 4.11   某地区收入数据

收入项目	1999	2000	2001	2002	2003
国民收入 Y_1	170	174	197	216	235.8
工业收入 Y_2	57.55	70.74	76.8	80.7	89.85
农业收入 Y_3	88.56	70	85.38	99.83	103.4
商业收入 Y_4	11.19	13.28	16.82	18.9	22.8
交通收入 Y_5	4.03	4.26	4.34	5.06	5.78
建筑业收入 Y_6	13.7	15.6	13.77	11.98	13.95

对表 4.10 中数据初始化处理, 计算各子因素 X_1, X_2, X_3, X_4, X_5 对基准因素 $Y_j(j = 1, 2, \cdots, 6)$ 的相关度, 然后得到关联矩阵

$$
R = \begin{pmatrix}
0.811 & 0.770 & 0.648 & 0.743 & 0.920 \\
0.641 & 0.624 & 0.578 & 0.809 & 0.680 \\
0.839 & 0.828 & 0.720 & 0.588 & 0.735 \\
0.563 & 0.552 & 0.542 & 0.616 & 0.535 \\
0.819 & 0.780 & 0.649 & 0.707 & 0.875 \\
0.795 & 0.813 & 0.714 & 0.584 & 0.613
\end{pmatrix}.
$$

根据关联矩阵 R 分析如下:

(1) $r_{15} = 0.920$ 是第一行中最大的, 表明交通方面的投资对国民收入影响最大, 这很好地验证了 "要致富, 先修路".

(2) 第四行元素几乎是各行元素中最小的, 表明各种项目的投资对商业收入影响不明显, 也说明商业不太依赖外部投资, 主要靠自身发展.

(3) $r_{55} = 0.875$ 是第二大元素, 表明交通收入主要靠交通方面的投资.

(4) $r_{24} = 0.809$ 是该列中最大元素, 表明科技投资对工业影响最大, 这符合科技进步带动工业发展的道理.

(5) 第三行元素普遍较大, 表明农业是一个综合性行业, 必须得到其他行业的协调发展才能更好发展.

综上所述, 通过关联矩阵可以得到一些有价值的结论, 这充分体现了灰色系统理论的优势分析的实践价值.

4.3.2   数据序列误差分析

这里给出数据序列的误差分析. 设

$$x_0 = (x_0(1), x_0(2), \cdots, x_0(n)), \quad x_1 = (x_1(1), x_1(2), \cdots, x_1(n))$$

分别是原始数据序列和模拟数据序列, 定义残差序列为 $\varepsilon = (\varepsilon(1), \varepsilon(2), \cdots, \varepsilon(n))$, 其中 $\varepsilon(k) = x_0(k) - x_1(k)$; 定义相对误差序列为 $\Delta = (\Delta(1), \Delta(2), \cdots, \Delta(n))$, 这里 $\Delta(k) = \left| \dfrac{\varepsilon(k)}{x_0(k)} \right|$, $k = 1, 2, \cdots, n$.

(1) $\Delta(k)$ 称为 k 点的模拟相对误差, $Q = \dfrac{1}{n} \sum\limits_{k=1}^{n} \Delta(k)$ 称为平均模拟相对误差;

(2) 根据统计学知识,

$$\bar{x} = \frac{1}{n} \sum_{k=1}^{n} x_0(k), \quad S_1^2 = \frac{1}{n-1} \sum_{k=1}^{n} (x_0(k) - \bar{x})^2;$$

$$\bar{\varepsilon} = \frac{1}{n} \sum_{k=1}^{n} \varepsilon(k), \quad S_2^2 = \frac{1}{n-1} \sum_{k=1}^{n} (\varepsilon(k) - \bar{\varepsilon})^2,$$

均方差比 $C = \dfrac{S_2}{S_1}$ 越小越好. 有的参考书称 C 为噪声比;

(3) 小误差概率 $p = P\{|\varepsilon(k) - \bar{\varepsilon}| < 0.6745 S_1\}$ 值越大越好.

精度检验对照表见表 4.12.

表 4.12   精度分级

	I 级	II 级	III 级	IV 级
相对误差 Q	< 0.01	< 0.05	< 0.10	< 0.20
方差比 C	< 0.35	< 0.50	< 0.65	< 0.80
小误差概率 p	> 0.95	> 0.80	> 0.70	> 0.60

4.3.3   数据累加与累减

在一些实际问题中, 往往会遇到随机干扰, 导致一些数据具有很大的波动性. 为处理这一问题, 提出数据累加和累减的概念.

设原始数据列 $X^{(0)} = (x^{(0)}(1), x^{(0)}(2), \cdots, x^{(0)}(n))$, 令

$$x^{(1)}(k) = \sum_{i=1}^{k} x^{(0)}(i), \quad k = 1, 2, \cdots, n,$$

得到 $X^{(1)} = (x^{(1)}(1), x^{(1)}(2), \cdots, x^{(1)}(n))$, 称 $X^{(1)}$ 为 $X^{(0)}$ 的一次累加生成数列. 相应地, 自然有 $X^{(0)}$ 的 r 次累加生成数列

$$X^{(r)} = (x^{(r)}(1), x^{(r)}(2), \cdots, x^{(r)}(n)), \quad x^{(r)}(k) = \sum_{i=1}^{k} x^{(r-1)}(i),$$

与累加生成对应的运算是累减, 它主要用于对累加生成的数据列进行还原.

设 $X^{(1)} = (x^{(1)}(1), x^{(1)}(2), \cdots, x^{(1)}(n))$, 称 $X^{(0)} = (x^{(0)}(1), x^{(0)}(2), \cdots, x^{(0)}(n))$ 为 $X^{(1)}$ 一次累减, 其中

$$x^{(0)}(1) = x^{(1)}(1), \quad x^{(0)}(k) = x^{(1)}(k) - x^{(1)}(k-1), \quad k = 2, 3, \cdots, n.$$

同理可定义 r 次累减运算.

例 4.8 已知某商品年度销售数据序列为

$$x^{(0)} = (5.081, 4.611, 5.1177, 9.3775, 11.0574, 11.0524).$$

如果直接应用最小二乘法进行线性拟合, 得到直线方程为 $y = 1.5273k + 2.3706$, 拟合直线如图 4.3 所示.

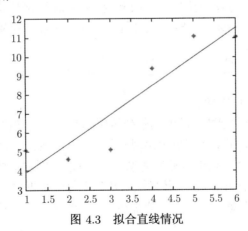

图 4.3 拟合直线情况

由图 4.3 看出, 所有数据点中, 原始数据与拟合直线有一定的差距, 误差超过 21%, 也就是说拟合效果不理想. 对 $x^{(0)}$ 进行一次累加, 得到

$$x^{(1)} = (5.081, 9.692, 14.8079, 24.1872, 35.2446, 46.297),$$

对 $x^{(1)}$ 进行拟合, 得到

$$\bar{x}^{(1)}(k+1) = 21.7650\mathrm{e}^{0.2135k} - 26.6839.$$

由图 4.4 可以看到, 拟合曲线与累加后的数据非常接近, 计算误差为 4.62%. 检验时需要进行累减还原

$$\bar{x}^{(0)} = (5.081, 5.18, 6.4133, 7.939, 9.729, 12.166),$$

计算误差为 12%, 比直接线性拟合的平均误差减少很多.

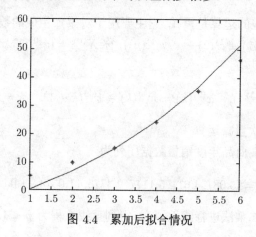

图 4.4　累加后拟合情况

需要说明的是, 在实际问题中, 一般来说, 累加后的数据呈现指数增长即停止累加. 同时, 在误差检验或预测时, 应还原后再进行, 不能按照累加数据进行误差计算或预测.

定义级比 $\sigma(k) = \dfrac{x^{(0)}(k-1)}{x^{(0)}(k)}$ $(k = 2, 3, \cdots, n)$, 若 $\sigma(k)$ 落入区间 $\left(\mathrm{e}^{-\frac{2}{n+1}}, \mathrm{e}^{\frac{2}{n+1}}\right)$, 则称数据列满足指数形式增加.

累加的主要目的是把非负的波动数列转化成具有一定规律性 (例如, 指数形式单调增加) 的数列. 如果实际问题中出现负数 (如温度数列), 累加生成就不一定是好的处理办法, 因为会出现正负抵消现象, 这个时候会削弱原始数据的规律性. 因此, 此时应首先化为非负数列. 具体做法是数列中每个数据同时减去原始数列中最小的元素值, 得到非负数列后再进行累加运算. 当然, 在进行误差计算或预测时, 应进行相应的逆运算.

4.3.4　GM(1,1) 模型

数据序列在累加后呈现出指数形式的单调递增规律, 联想到微分方程 $y' = ay$ 具有指数形式的解 $y = \mathrm{e}^{ax}$, 由此提出一阶灰色方程模型, 即 GM(1,1) 模型.

设原始数列 $x^{(0)} = (x^{(0)}(1), x^{(0)}(2), \cdots, x^{(0)}(n))$ 的一次累加数列为 $x^{(1)} = (x^{(1)}(1), x^{(1)}(2), \cdots, x^{(1)}(n))$, 定义灰色微分方程为

$$x^{(0)}(k) + az^{(1)}(k) = b,$$

其中 $z^{(1)}(k) = \alpha x^{(1)}(k) + (1-\alpha)x^{(1)}(k-1)$ $(\alpha \in (0,1); k = 2, 3, \cdots, n)$ 为白化背景值 $\left(\text{一般取} \alpha = \dfrac{1}{2}\right)$, a 为发展系数, b 为灰作用量.

令 $Y = (x^{(0)}(2), x^{(0)}(3), \cdots, x^{(0)}(n))^{\mathrm{T}}$, $u = (a, b)^{\mathrm{T}}$, $B = \begin{pmatrix} -z^{(1)}(2) & 1 \\ -z^{(1)}(3) & 1 \\ \vdots & \vdots \\ -z^{(1)}(n) & 1 \end{pmatrix}$, 则

GM(1,1) 的矩阵形式表示为 $Y = Bu$. 利用最小二乘法, 得到 $\bar{u} = (B^{\mathrm{T}}B)^{-1}B^{\mathrm{T}}Y$. 于是, 得到时间响应式

$$\bar{x}^{(1)}(k+1) = \left(x^{(0)}(1) - \frac{\bar{b}}{\bar{a}}\right)\mathrm{e}^{-\bar{a}k} + \frac{\bar{b}}{\bar{a}}, \quad k = 1, 2, \cdots, n.$$

累减还原得到模拟序列

$$\bar{x}^{(0)} = (\bar{x}^{(0)}(1), \bar{x}^{(0)}(2), \cdots, \bar{x}^{(0)}(n)), \quad \bar{x}^{(0)}(k+1) = \bar{x}^{(1)}(k+1) - \bar{x}^{(1)}(k).$$

数据列 $\bar{x}^{(0)}$ 用于模拟, 数据 $\bar{x}^{(0)}(n+1), \bar{x}^{(0)}(n+2), \cdots$ 用于预测.

当数据序列具有指数形式单调增加时, 建立 GM(1,1) 模型比较合适. 同时, 还有残差 GM(1,1) 模型、GM(1,N) 模型、GM(0,N) 模型等, 这里不再一一列举.

例 4.9 设原始数据序列 $X_0 = (2.874, 3.278, 3.337, 3.390, 3.679)$, 利用 GM(1,1) 对 X_0 进行模拟, 并比较精度.

对 X_0 作 1-AGO, 得到 $X_1 = (2.874, 6.152, 9.489, 12.879, 16.558)$. 拟合, 得到时间响应式

$$\bar{x}(k+1) = 85.276\mathrm{e}^{0.0372k} - 82.402,$$

由上式给出 X_1 的模拟值 $\bar{X}_1$ 和还原 X_0 的模拟值 $\bar{X}_0$ 分别为

$$\bar{X}_1 = (2.874, 6.106, 9.461, 12.942, 16.556), \quad \bar{X}_0 = (2.874, 3.232, 3.355, 3.482, 3.614).$$

误差检验精度非常高 (这里略去), 可以用来进行模拟预测.

4.4 统计分析方法

4.4.1 判别分析

判别分析是一种分类方法, 在给定已知类型的条件下, 通过某种判别规则, 对

新样本进行判别. 判别分析方法在生物学分类、医疗诊断、地质探矿、石油钻探、天气预报等领域, 是一种有效的统计推断方法.

假定已有判别对象 $A_1, A_2, \cdots, A_r$ 等 r 类, 每一类 A_i 由 m 个指标的 n_i 个样本确定, 即

$$A_i = \begin{pmatrix} a_{11}^{(i)} & a_{12}^{(i)} & \cdots & a_{1n_i}^{(i)} \\ a_{21}^{(i)} & a_{22}^{(i)} & \cdots & a_{2n_i}^{(i)} \\ \vdots & \vdots & & \vdots \\ a_{m1}^{(i)} & a_{m2}^{(i)} & \cdots & a_{mn_i}^{(i)} \end{pmatrix}_{m \times n_i}, \quad i = 1, 2, \cdots, r$$

为已知分类, 现在问: 待判定对象 $x = (x_1, x_2, \cdots, x_m)^{\mathrm{T}}$ 属于 A_i $(i = 1, 2, \cdots, r)$ 的哪一类?

为了能对不同的 A_i $(i = 1, 2 \cdots, r)$ 作出判别, 应有一个一般规则, 依据 x 的值, 便可以根据该规则作出判断, 称这样的规则为判别规则. 判别规则往往通过某个函数表达, 这个函数称为判别函数, 记为 $W(i; x)$.

记 $n = \sum\limits_{i=1}^{r} n_i, a_i, L_i$ 分别表示第 i 类 A_i 样本均值向量和离差矩阵, 即

$$a_i = \begin{pmatrix} \bar{a}_1^{(i)} \\ \vdots \\ \bar{a}_m^{(i)} \end{pmatrix}, \quad L_i = \begin{pmatrix} l_{11}^{(i)} & \cdots & l_{1m}^{(i)} \\ \vdots & & \vdots \\ l_{m1}^{(i)} & \cdots & l_{mm}^{(i)} \end{pmatrix}, \quad i = 1, 2, \cdots, r,$$

其中 $\bar{a}_j^{(i)} = \dfrac{1}{n_i} \sum\limits_{k=1}^{n_i} a_{jk}^{(i)}$, $l_{jk}^{(i)} = \sum\limits_{t=1}^{n_i} (a_{jt}^{(i)} - \bar{a}_j^{(i)})(a_{kt}^{(i)} - \bar{a}_k^{(i)})$, 并用 $x \in A_i$ 表示 x 归属于 A_i.

1. 距离判别法

距离判别法就是建立待判别对象 x 到 A_i 的距离 $d(x, A_i)$, 然后根据距离最近原则进行判别, 即判别函数 $W(i; x) = d(x, A_i)$. 若 $W(k; x) = \min\{W(i; x) | i = 1, 2, \cdots, r\}$, 则 $x \in A_i$.

距离 $d(x, A_i)$ 一般采用 Mahalanobis 提出的距离公式

$$d(x, A_i) = ((x - a_i)^{\mathrm{T}} V^{-1} (x - a_i))^{\frac{1}{2}}, \quad V = \frac{1}{n_i - 1} L_i.$$

2. 费希尔判别法

费希尔判别法是基于方差分析的判别法, 判别函数 $W(x) = u^{\mathrm{T}} x$, 其中 u 为判别系数, 其计算方式如下:

(1) 计算 $L = L_1 + L_2 + \cdots + L_r$ 及 L^{-1};

(2) 计算 $B = \sum_{i=1}^{r} n_i(a_i - a)(a_i - a)^{\mathrm{T}}$, $a = (\bar{a}_1, \bar{a}_2, \cdots, \bar{a}_m)^{\mathrm{T}}, \bar{a}_j = \frac{1}{n} \sum_{i=1}^{r} n_i \bar{a}_j^{(i)}$;

(3) 计算 BL^{-1} 的最大特征值对应的特征向量 p, 特别当 $r = 2$ 时, 计算 $p = a_1 - a_2$;

(4) 计算 $u = L^{-1}p$.

为确定判别规则, 计算 $w_i = W(a_i) = u^{\mathrm{T}}a_i$ $(i = 1, 2, \cdots, r)$. 将 A_i 重新排序, 使得 $w_1 < w_2 < \cdots < w_r$, 然后令 $c_0 = -\infty, c_i = (w_i + w_{i+1})/2$ 或 $c_i = (n_i w_i + n_{i+1} w_{i+1})/(n_i + n_{i+1}), c_r = +\infty$.

费希尔判别规则为: 若 $c_{k-1} < W(x) < c_k$, 则 $x \in A_k$.

3. 贝叶斯判别法

假定 r 个 m 维总体的密度函数分别为已知 $\phi_i(x)$, 且判别之前有足够的理由可认为待判别对象 $x \in A_i$ 的概率为 p_i. 如果没有任何附加先验信息, 通常取 $p_i = \dfrac{1}{r}$. 贝叶斯判别函数 $W(i; x) = p_i \phi_i(x)$, 判别规则为: 若 $W(k; x) = \max\{W(i; x) | i = 1, 2, \cdots, r\}$, 则 $x \in A_i$.

4.4.2 主成分分析

主成分分析由 Hotelling 于 1933 年提出, 它是利用降维的方法, 把多指标转化为几个综合指标的多元统计分析的方法, 主要目的是希望用较少的变量去解释原来资料中的大部分信息. 通常选出的变量要比原始指标的变量少, 能解释大部分资料中变异的几个新指标变量, 即所谓的主成分, 并以此解释资料的综合性指标.

1. 主成分分析基本原理

设 $X_1, X_2, \cdots, X_p$ 表示以 $x_1, x_2, \cdots, x_p$ 为样本观测值的随机变量, 如果能找到 $c_1, c_2, \cdots, c_p$, 使得

$$\mathrm{Var}(c_1 X_1 + c_2 X_2 + \cdots + c_p X_p)$$

的值达到最大 (由于方差反映了数据差异程度), 就表明这 p 个变量的最大差异. 当然, 上式必须附加某种限制, 否则极值可选择无穷大而没有意义. 通常规定 $\sum_{k=1}^{p} c_k^2 = 1$. 在此约束下, 求 Var 的最优解. 这个解是 p 维空间的一个单位向量, 它代表一个 "方向", 就是常说的主成分方向.

一般来说, 代表原来 p 个变量的主成分不止一个, 但不同主成分的信息之间不能相互包含, 统计上的描述就是两个主成分的协方差为 0, 几何上就是两个主成分的方向正交. 具体确定各个主成分的方法如下.

设 $y_i \ (i = 1, 2, \cdots, p)$ 表示第 i 个主成分, 且

$$y_i = c_{i1}X_1 + c_{i2}X_2 + \cdots + c_{ip}X_p, \quad i = 1, 2, \cdots, p,$$

其中 $\sum\limits_{j=1}^{p} c_{ij}^2 = 1, c_1 = (c_{11}, c_{12}, \cdots, c_{1p})^{\mathrm{T}}$ 使得 $\mathrm{Var}(y_1)$ 的值达到最大. $c_2 = (c_{21}, c_{22}, \cdots, c_{2p})^{\mathrm{T}}$ 不仅垂直于 c_1, 且使 $\mathrm{Var}(y_2)$ 达到最大. $c_3 = (c_{31}, c_{32}, \cdots, c_{3p})^{\mathrm{T}}$ 同时垂直于 c_1, c_2, 且使 $\mathrm{Var}(y_3)$ 得到最大. 以此类推可得到全部 p 个主成分. 在具体问题中, 究竟需要确定几个主成分, 注意以下几点:

(1) 主成分分析的结果受量纲的影响, 由于各变量的单位可能不同, 结果可能不同. 这是主成分分析的最大问题. 因此, 在实际问题中, 需要先对各变量进行无量纲化处理, 然后用协方差或相关系数矩阵进行分析.

(2) 使方差达到最大的主成分分析不用转轴.

(3) 利用相关系数矩阵求主成分时, 将特征值小于 1 的主成分予以放弃.

(4) 在实际研究中, 由于主成分的目的是降维, 减少变量的个数, 因此一般选取少量的主成分 (一般不超过 6 个), 只要累积贡献率超过 85% 即可.

2. 主成分分析的基本步骤

假设 n 个评价对象, m 个评价指标 $x_1, x_2, \cdots, x_m$, 第 i 个评价对象第 j 个指标取值 a_{ij}, 则构成评价矩阵 $A = (a_{ij})_{n \times m}$.

(1) 对原始数据进行标准化处理.

$$\bar{a}_{ij} = \frac{a_{ij} - \mu_j}{s_j}, \ \mu_j = \frac{1}{n} \sum_{i=1}^{n} a_{ij}, \ s_j^2 = \frac{1}{n-1} \sum_{i=1}^{n} (a_{ij} - \mu_j)^2,$$

$$i = 1, 2, \cdots, n; \quad j = 1, 2, \cdots, m.$$

$$\bar{x}_j = \frac{x_j - \mu_j}{s_j}, \quad j = 1, 2, \cdots, m$$

为标准化指标变量.

(2) 计算相关系数矩阵 $R = (r_{ij})_{m \times m}$, $r_{ij} = \dfrac{\sum\limits_{k=1}^{n} \bar{a}_{ki} \bar{a}_{kj}}{n-1}, i, j = 1, 2, \cdots, m$, 其中 $r_{ii} = 1, r_{ij} = r_{ji}, r_{ij}$ 表示第 i 个指标对第 j 个指标的相关系数.

(3) 计算 R 的特征值与特征向量: $\lambda_1 \geqslant \lambda_2 \geqslant \cdots \geqslant \lambda_m \geqslant 0$, 对应的特征向量分别为 $u_1, u_2, \cdots, u_m$, 其中 $u_j = (u_{1j}, u_{2j}, \cdots, u_{mj})^{\mathrm{T}}$. 由特征向量组成 m 个新指标变量

$$y_j = u_{1j}\bar{x}_1 + u_{2j}\bar{x}_2 + \cdots + u_{mj}\bar{x}_m, \quad j = 1, 2, \cdots, m,$$

其中 y_1 是第 1 主成分, y_2 是第 2 主成分, $\cdots, y_m$ 是第 m 主成分.

(4) 选择 p $(p \leqslant m)$ 个主成分. 特征值 λ_j 的信息贡献率 $\eta_j = \dfrac{\lambda_j}{\sum\limits_{i=1}^{m} \lambda_i}$, 称

$\alpha_p = \dfrac{\sum\limits_{k=1}^{p} \lambda_k}{\sum\limits_{k=1}^{m} \lambda_k}$ 为前 p 个主成分累积贡献率. 当 α_p 接近于 1(一般取 $a_p \geqslant 0.85$) 时, 则

选择前 p 个主成分代替原来 m 个指标变量, 从而对 p 个主成分进行综合分析.

(5) 计算综合得分 $Z = \sum\limits_{j=1}^{p} \eta_j y_j$.

(6) 综合排序. 将 n 个评价对象的样本数据代入主成分综合评价模型, 根据综合得分值进行评价.

例 4.10 研究某股票市场五只股票的周回升率 (=(本周五市场收盘价 − 上周五市场收盘价)/上周五市场收盘价). 从年初至年底 12 个月的时间, 对这五只股票作了 100 组独立观测. 基于股票市场的内在规律和经济状况, 股票周回升率彼此相关.

解 设五只股票为 x_1, x_2, x_3, x_4, x_5, 记 $\alpha = (x_1, x_2, \cdots, x_5)^{\mathrm{T}}$, 从数据计算得到

$$\alpha = (0.0054, 0.0048, 0.0057, 0.0063, 0.0037)^{\mathrm{T}},$$

$$R = \begin{pmatrix} 1 & 0.577 & 0.509 & 0.387 & 0.462 \\ 0.577 & 1 & 0.599 & 0.389 & 0.322 \\ 0.509 & 0.599 & 1 & 0.436 & 0.426 \\ 0.387 & 0.389 & 0.436 & 1 & 0.523 \\ 0.462 & 0.322 & 0.426 & 0.523 & 1 \end{pmatrix}.$$

相关系数矩阵 R 的特征值为 $\lambda = 2.857, 0.809, 0.540, 0.452, 0.343$, 前 2 个特征值累积贡献率为 73.3%, 因此可将其确定为主成分. 由于对应的正交特征向量分别为

$$\alpha_1 = (0.464, 0.457, 0.470, 0.421, 0.421)^{\mathrm{T}}, \quad \alpha_2 = (0.240, 0.509, 0.260, -0.526, -0.582)^{\mathrm{T}},$$

因此,

$$y_1 = 0.464\bar{x}_1 + 0.457\bar{x}_2 + 0.470\bar{x}_3 + 0.421\bar{x}_4 + 0,421\bar{x}_5,$$
$$y_2 = 0.240\bar{x}_1 + 0.509\bar{x}_2 + 0.260\bar{x}_3 - 0.526\bar{x}_4 - 0.582\bar{x}_5.$$

第一主成分通常称为股票市场主成分, 简称市场主成分.

4.4.3 因子分析

因子分析可以视为主成分分析的推广, 它是统计分析中常用的一种降维方法, 主要用于社会、经济、管理、生物、医学、地质等领域. 因子分析有确定的统计模型, 观察数据在模型中被分解为公共因子、特殊因子和误差三个部分. 例如, 为了解学生掌握知识的能力, 对学生进行抽样命题考试, 考题包括语文水平、数学水平、艺术素养、历史知识和生活常识等 5 个方面, 可以将其视为一个 (公共) 因子. 设想第 i 个学生的成绩用这 5 个因子 F_1, F_2, F_3, F_4, F_5 的线性组合表示出来, 即

$$X_i = \mu_i + a_{i1}F_1 + a_{i2}F_2 + a_{i3}F_3 + a_{i4}F_4 + a_{i5}F_5 + \varepsilon_i,$$

系数 a_{ij} 称为因子载荷, 它表示该学生在这 5 个方面的能力, μ_i 为总平均, ε_i 是该学生的能力和知识不能被这 5 个方面包含的部分, 称为特殊因子, 常假定 $\varepsilon_i \sim N(0, \sigma_i^2)$. 不难发现, 这个模型与回归模型在形式上相似, 但在回归模型中, 因变量与自变量是可观测的, 这里的公共因子 F_i 是隐藏、不可观测的潜在量, 有关参数在意义上也有差异.

因子分析的首要任务是估计载荷因子 a_{ij} 和方差 σ_i^2, 然后给抽象因子 F_i 一个合理且具有实际背景的解释. 若难以进行合理的解释, 则需要进一步作因子旋转以后发现比较合理的解释.

1. 因子分析模型

设 p 个可观测的随机变量 X_i $(i = 1, 2, \cdots, p)$ 由不可观测公共因子 F_j $(j = 1, 2, \cdots, m; m \leqslant p)$ 表示

$$X = \mu + AF + \varepsilon,$$

其中 $X = (X_1, X_2, \cdots, X_p)^{\mathrm{T}}, \mu = (\mu_1, \mu_2, \cdots, \mu_p)^{\mathrm{T}}, \varepsilon = (\varepsilon_1, \varepsilon_2, \cdots, \varepsilon_p)^{\mathrm{T}}, F = (F_1, F_2, \cdots, F_m)^{\mathrm{T}}$, 因子载荷矩阵 $A = (a_{ij})_{p \times m}$ 的秩为 m. 当因子满足下列条件时, 称为正交因子模型

$$E(F) = 0, \quad E(\varepsilon) = 0, \quad \mathrm{Cov}(F) = E_m,$$
$$D(\varepsilon) = \mathrm{Cov}(\varepsilon) = \mathrm{diag}(\sigma_1^2, \sigma_2^2, \cdots, \sigma_m^2), \quad \mathrm{Cov}(F, \varepsilon) = 0.$$

因子载荷 a_{ij} 表示第 i 个变量与第 j 个因子的相关重要性, 绝对值越大相关程度越高; $\sum_{j=1}^{m} a_{ij}^2$ 接近 1, 则因子分析的效果好, 从原变量空间到公共因子空间的转化效果好. 因子分析的基本问题是估计因子载荷矩阵 A 和特殊因子的方差 σ_i^2. 常用的方法有主成分分析法、主因子法.

(1) 主成分分析法. 设 $\lambda_1 \geqslant \lambda_2 \geqslant \cdots \geqslant \lambda_p$ 为样本相关系数矩阵 R 的特征值, $\alpha_1, \cdots, \alpha_p$ 为对应的正交特征向量, $m < p$, 则因子载荷矩阵 A 为

$$A = (\sqrt{\lambda_1}\alpha_1, \cdots, \sqrt{\lambda_m}\alpha_m),$$

特殊因子的方差用 $R - AA^{\mathrm{T}}$ 的对角元估计, 即

$$\sigma_i^2 = 1 - \sum_{j=1}^m a_{ij}^2.$$

(2) 主因子法. 主因子法是对主成分法进行修正, 对变量进行标准化变换, 则 $R = AA^{\mathrm{T}} + D$, 其中 $D = \mathrm{diag}(\sigma_1^2, \sigma_2^2, \cdots, \sigma_m^2)$. 记 $R^* = AA^{\mathrm{T}} = R - D$, R^* 的对角线上元素为 h_i^2.

取 $\bar{h}_i^2 = 1$, 此时主因子法与主成分分析法等价; 取 $\bar{h}_i^2 = \max\limits_{j \neq i} |r_{ij}|$, 直接求 R^* 的前 p 个特征值 $\lambda_1^* \geqslant \cdots \geqslant \lambda_p^*$ 和对应的正交特征向量 $u_1^*, \cdots, u_p^*$, 得到

$$A = (\sqrt{\lambda_1^*}u_1^*, \sqrt{\lambda_2^*}u_2^*, \cdots, \sqrt{\lambda_p^*}u_p^*).$$

假定某地固定资产投资率为 x_1, 通货膨胀率为 x_2, 失业率为 x_3, 相关系数矩阵

$$R = \begin{pmatrix} 1 & \dfrac{1}{5} & -\dfrac{1}{5} \\ \dfrac{1}{5} & 1 & -\dfrac{2}{5} \\ -\dfrac{1}{5} & -\dfrac{2}{5} & 1 \end{pmatrix}.$$

利用主成分分析法. 计算特征值及正交化特征向量: $\lambda_1 = 1.5464, \lambda_2 = 0.8536, \lambda_3 = 0.6$,

$$u_1 = \begin{pmatrix} 0.4597 \\ 0.6280 \\ -0.6280 \end{pmatrix}, \quad u_2 = \begin{pmatrix} 0.8881 \\ -0.3251 \\ 0.3251 \end{pmatrix}, \quad u_3 = \begin{pmatrix} 0 \\ 0.7071 \\ 0.7071 \end{pmatrix}.$$

载荷矩阵

$$A = (\sqrt{\lambda_1}u_1, \sqrt{\lambda_2}u_2, \sqrt{\lambda_3}u_3) = \begin{pmatrix} 0.5717 & 0.8205 & 0 \\ 0.7809 & -0.3003 & 0.5477 \\ -0.7809 & 0.3003 & 0.5477 \end{pmatrix}.$$

$$x_1 = 0.5717F_1 + 0.8205F_2,$$
$$x_2 = 0.7809F_1 - 0.3003F_2 + 0.5477F_3,$$
$$x_3 = -0.7809F_1 + 0.3003F_2 + 0.5477F_3.$$

取前两个因子 F_1, F_2 为公共因子, F_1 对 X 的贡献度为 1.5464, F_2 对 X 的贡献度为 0.8536.

利用主因子法求载荷矩阵. 取 $\bar{h}_i^2 = \max\limits_{j \neq i} |r_{ij}|$, 有 $h_1^2 = 0.2, h_2^2 = 0.4, h_3^2 = 0.4$, 由此得到 R^* 的特征值 $\lambda_1^* = 0.9123, \lambda_2^* = 0.0877, \lambda_3^* = 0$, 相应特征向量分别为

$$u_1^* = \begin{pmatrix} 0.369 \\ 0.6572 \\ -0.6572 \end{pmatrix}, \quad u_2^* = \begin{pmatrix} 0.9294 \\ -0.261 \\ 0.261 \end{pmatrix}.$$

取两个主因子, 得到 $A = \begin{pmatrix} 0.3525 & 0.2752 \\ 0.6277 & -0.0773 \\ -0.6277 & 0.0773 \end{pmatrix}$.

2. 因子旋转

一般来说, 理想的载荷结构是, 每一列或每一行的各载荷平方值靠近 0 或接近 1, 如果载荷矩阵的元素适中, 则难以作出合理的解释, 此时需要对因子载荷矩阵进行旋转, 使得旋转后的载荷矩阵简化, 每一列或每一行的元素绝对值尽量拉开距离, 旋转后的因子称为旋转因子.

根据线性代数的知识, 乘以一个正交矩阵就相当于作了一次正交变换或因子旋转. 因此因子旋转的关键是正交变换矩阵 T, 使得旋转后的因子载荷矩阵 A 具有尽可能的简单结构. 常用的方法是最大方差旋转法, 也就是从简化载荷矩阵的每一列开始, 使和每个因子有关的载荷平方的方差最大. 当只有少数几个变量在某个因子上有较高的载荷时, 对因子的解释最简单. 方差最大的直观意义是希望通过因子旋转后, 使每个因子上的载荷尽量拉开距离, 一部分的载荷趋于 ± 1, 另一部分趋于 0.

具体来说, 选取方差最大的正交旋转矩阵 P, 就是将原坐标系 $(F_1, F_2, \cdots, F_m)$ 下的点 X 变换到新坐标系 $(P^{\mathrm{T}}F_1, P^{\mathrm{T}}F_2, \cdots, P^{\mathrm{T}}F_m)$ 下, 使得新的载荷矩阵 B 的结构简化

$$X - \mu = (AP)(P^{\mathrm{T}}F) + \varepsilon = B\bar{F} + \varepsilon.$$

在 MATLAB 中, 因子旋转变换函数为 rotatefactors( ).

例如, 在一项关于消费者爱好的研究中, 随机邀请一些顾客对某种新食品进行评审, 共有 5 项变量质量 (1—味道、2—价格、3—风味、4—适于快餐、5—能量), 均采用 7 级评分法, 它们的相关系数矩阵

$$R = \begin{pmatrix} 1 & 0.01 & 0.96 & 0.42 & 0.01 \\ 0.02 & 1 & 0.13 & 0.71 & 0.85 \\ 0.96 & 0.13 & 1 & 0.5 & 0.11 \\ 0.42 & 0.71 & 0.5 & 1 & 0.79 \\ 0.01 & 0.85 & 0.11 & 0.79 & 1 \end{pmatrix}.$$

从该矩阵可以看出, 变量 1 和 3、2 和 5 各成一组, 变量 4 似乎接近 (2,5) 组, 于是可以期望因子模型选取 2 个、至多 3 个公共因子.

R 的前 2 个特征值 $\lambda_1 = 2.8531, \lambda_2 = 1.8063$, 其余 3 个都小于 1, 这两个公共因子对样本方差的贡献率为 0.9319, 于是选取 $m = 2$. 因子载荷、共同度和特殊方差的估计见表 4.13.

表 4.13　因子分析表

	变量因子载荷估计		旋转因子载荷估计		共同度	特殊方差 (未旋转)
	F_1	F_2	$P^{\mathrm{T}}F_1$	$P^{\mathrm{T}}F_2$		
1	0.5599	0.8161	0.0198	0.9895	0.9795	0.0205
2	0.7773	−0.5242	0.9374	−0.0113	0.8789	0.1211
3	0.6453	0.7479	0.1286	0.9795	0.9759	0.0241
4	0.9391	−0.1049	0.8425	0.4280	0.8929	0.1071
5	0.7982	−0.5432	0.9654	−0.0157	0.9322	0.0678
特征值	2.8531	0.8063				
累积贡献率	0.5706	0.9319				

因为 $AA^{\mathrm{T}} + \mathrm{Cov}(\varepsilon)$ 与 R 比较接近, 所以从直观上, 可以认为两个因子的模型给出了数据较好地拟合. 此外, 5 个贡献值都比较大, 表明两个公共因子确实解释了每个变量方差的绝大部分.

很明显, 变量 2, 4, 5 在 $P^{\mathrm{T}}F_1$ 上有很大载荷, 而在 $P^{\mathrm{T}}F_2$ 上载荷较小或可忽略. 相反, 变量 1, 3 在 $P^{\mathrm{T}}F_2$ 上有大载荷, 而在 $P^{\mathrm{T}}F_2$ 上载荷却可以忽略. 因此, 有理由称 $P^{\mathrm{T}}F_1$ 为营养因子, $P^{\mathrm{T}}F_2$ 为滋味因子. 旋转的效果一目了然.

3. 因子得分

因子得分主要用于模型诊断, 也可以作为下一步分析的原始数据. 因子得分并不是通常意义下的参数估计, 而是对不可观测、抽象的随机潜在变量 F_i 的估计. 因子得分函数

$$F_j = c_j + b_{j1}X_1 + b_{j2}X_2 + \cdots + b_{jp}X_p, \quad j = 1, 2, \cdots, m.$$

由于 $p > m$, 所以不能得到精确得分, 只能通过估计. 对于用主成分分解法建立的因子分析模型, 常用加权最小二乘法估计因子得分: 寻求 F_j 的一组取值 $\bar{F}_j$ 使加权的残差平方和

$$\sum_{i=1}^{p} \frac{1}{\sigma_i^2}((X_i - \mu_i) - (a_{i1}\bar{F}_1 + a_{i2}\bar{F}_2 + \cdots + a_{im}\bar{F}_m))^2$$

达到最小, 这样求得因子得分 $\bar{F}_1, \bar{F}_2, \cdots, \bar{F}_m$. 利用微积分极值求法, 得到

$$\bar{F} = (A^{\mathrm{T}}D^{-1}A)^{-1}A^{\mathrm{T}}D^{-1}A(X - \mu),$$

其中 $D = \mathrm{diag}(\sigma_1^2, \sigma_2^2, \cdots, \sigma_p^2), \bar{F} = (\bar{F}_1, \bar{F}_2, \cdots, \bar{F}_m)^{\mathrm{T}}$. 在实际应用中, 用估计 $\bar{X}, \bar{A}, \bar{D}$ 分别代替上述公式的 μ, A, D, 并将每个样本数据 X_i 代替 X, 便可以得到 $\bar{F}$.

4.5　层次分析法

4.5.1　基本原理

层次分析法 (analytic hierarchy process, AHP) 是将与决策有关的元素分解成目标层、准则层和方案层等, 在此基础上进行定性与定量相结合的决策方法, 其特点是对复杂的决策问题的本质、影响因素及其内在关系等进行深入分析的基础上, 利用较少的定量信息使决策的思维过程数学化, 从而为多目标、多准则或结构特性复杂决策问题提供简便的决策方法, 尤其适合对决策结果难以直接量化的实际问题. AHP 的本质是根据人们对事物的认知特征, 将感性认识进行定量化的过程.

运用 AHP 也可以确定影响对象各因素的权重.

运用 AHP 建模, 一般分四个步骤进行:

(1) 建立层次结构. 根据决策问题, 构造出一个有层次的结构模型: 最高层 (目标层)、中间层 (准则层) 和最低层 (方案层). 其中目标层只有一个元素, 它是分析问题的预定目标或理想结果; 准则层包含了实现目标所涉及的中间环节, 可以包括若干个层次; 方案层包括为实现目标可供选择的各种措施和决策方案等.

(2) 构造各层次所有判断矩阵. 层次结构反映了因素之间的关系, 但准则层中的各准则在目标衡量中所占的比重并不相同, AHP 的创立者 Saaty 等采取对因子进行两两比较的方法建立比较矩阵, 即每次取两个不同因子 x_i, x_j 就相互之间的重要程度进行两两比较, 以 a_{ij} 表示 x_i 对 x_j 的影响结果, a_{ji} 表示 x_j 对 x_i 的影响结果, 并规定 $a_{ji} = \dfrac{1}{a_{ij}}$, 得到比较判断矩阵 $A = (a_{ij})$. 比较规则见表 4.14.

(3) 单排序及一致性检验. 判断矩阵 A 对应于最大特征值 $\lambda_{\max}$ 的特征向量 α 单位化后, 即得到同一层次相应元素对应上一层次某因素相对重要性的排序的权重, 这一过程称为层次排序. 此法可用于影响因素权重的确定.

表 4.14　比较规则

标度 a_{ij}	含义	标度 a_{ji}
1	x_i 与 x_j 具有相同的重要性	1
3	x_i 比 x_j 稍重要	$\frac{1}{3}$
5	x_i 比 x_j 明显重要	$\frac{1}{5}$
7	x_i 比 x_j 强烈重要	$\frac{1}{7}$
9	x_i 比 x_j 极端重要	$\frac{1}{9}$
2, 4, 6, 8	上述相邻比较的中间值	$\frac{1}{2}, \frac{1}{4}, \frac{1}{6}, \frac{1}{8}$

对判断矩阵 A 的一致性检验公式包括一致性指标 CI$=\dfrac{\lambda_{\max} - n}{n - 1}$ 和检验准则 CR $=\dfrac{\text{CI}}{\text{RI}}$, 其中 RI 为平均随机一致性指标, 其值见表 4.15. 若 CR< 0.1, 认为判断矩阵的一致性可以接受.

表 4.15　RI 值

n	3	4	5	6	7	8	9
RI	0.58	0.90	1.12	1.24	1.32	1.41	1.45

注: $n = 1, 2$ 时 RI$=0$, 这是因为一、二阶判断矩阵总是一致矩阵.

(4) 层次总排序. 通过一致性检验后, 得到一组元素对其上一层次中某元素的权重向量, 最终需要得到最低层中各方案对于目标的排序权重. 设上一层次 A 层包含 m 个因素 $A_1, A_2, \cdots, A_m$, 其权重分别为 $a_1, a_2, \cdots, a_m$; 下一层含 $B_1, B_2, \cdots, B_n$ 共 n 个因素, 其关于 A_j 的权重分别为 $b_{1j}, b_{2j}, \cdots, b_{nj}$(当 B_i 与 A_j 无关时, $b_{ij} = 0$), 计算 B 层各因素的总排序权重 $b_1, b_2, \cdots, b_n$, 计算公式为 (表 4.16).

$$b_i = \sum_{j=1}^{m} b_{ij} a_j, \quad i = 1, 2, \cdots, n.$$

表 4.16　各层次排序权重

	A_1 权重a_1	A_2 权重a_2	$\cdots$	A_m 权重a_m	B 层总排序
B_1	b_{11}	b_{12}	$\cdots$	b_{1n}	$\sum\limits_{j=1}^{m} b_{1j} a_j$
B_2	b_{21}	b_{22}	$\cdots$	b_{2n}	$\sum\limits_{j=1}^{m} b_{2j} a_j$
$\vdots$	$\vdots$	$\vdots$	$\vdots$	$\vdots$	$\vdots$
B_n	b_{n1}	b_{n2}	$\cdots$	b_{nn}	$\sum\limits_{j=1}^{m} b_{nj} a_j$

4.5.2　应用

例 4.11　面对严峻的就业形势, 大学生就业成为社会热点话题. 建立数学模型, 为大学生就业单位选择提供参考.

一般来讲, 大学生选择单位通常考虑要素包括文化氛围、发展空间、待遇、单位规模、地理位置和单位声誉等 6 个方面, 构造层次结构

目标层 A　　　　　　　　　　　$\boxed{\text{工作满意度}}$

准则层 B　　　　$\boxed{\text{文化氛围}}B_1$　$\boxed{\text{发展空间}}B_2$　$\boxed{\text{待遇}}B_3$

　　　　　　　　$\boxed{\text{单位规模}}B_4$　$\boxed{\text{地理位置}}B_5$　$\boxed{\text{单位声誉}}B_6$

方案层 C　　$\boxed{\text{待选单位 1}}C_1$　$\boxed{\text{待选单位 1}}C_2$　$\boxed{\text{待选单位 3}}C_3$

根据比较规则和综合意见, 准则层 B 对目标层 A 的比较判断矩阵为

$$A = \begin{array}{c} \\ B_1 \\ B_2 \\ B_3 \\ B_4 \\ B_5 \\ B_6 \end{array}\left(\begin{array}{cccccc} B_1 & B_2 & B_3 & B_4 & B_5 & B_6 \\ 1 & 1 & 1 & 4 & 1 & \frac{1}{2} \\ 1 & 1 & 2 & 4 & 1 & \frac{1}{2} \\ 1 & \frac{1}{2} & 1 & 5 & 3 & \frac{1}{2} \\ \frac{1}{4} & \frac{1}{4} & \frac{1}{5} & 1 & \frac{1}{3} & \frac{1}{3} \\ 1 & 1 & \frac{1}{3} & 3 & 1 & 1 \\ 2 & 2 & 2 & 3 & 3 & 1 \end{array}\right),$$

方案层 C 对准则层 B 的比较判断矩阵分别为

$$B_1 = \left(\begin{array}{cccc} B_1 & C_1 & C_2 & C_3 \\ C_1 & 1 & \frac{1}{4} & \frac{1}{2} \\ C_2 & 4 & 1 & 3 \\ C_3 & 2 & \frac{1}{3} & 1 \end{array}\right), \quad B_2 = \left(\begin{array}{cccc} B_2 & C_1 & C_2 & C_3 \\ C_1 & 1 & \frac{1}{4} & \frac{1}{5} \\ C_2 & 4 & 1 & \frac{1}{2} \\ C_3 & 5 & 2 & 1 \end{array}\right),$$

$$B_3 = \left(\begin{array}{cccc} B_3 & C_1 & C_2 & C_3 \\ C_1 & 1 & 3 & \frac{1}{3} \\ C_2 & \frac{1}{3} & 1 & 7 \\ C_3 & 3 & \frac{1}{7} & 1 \end{array}\right), \quad B_4 = \left(\begin{array}{cccc} B_4 & C_1 & C_2 & C_3 \\ C_1 & 1 & \frac{1}{3} & 5 \\ C_2 & 3 & 1 & 7 \\ C_3 & \frac{1}{5} & \frac{1}{7} & 1 \end{array}\right),$$

$$B_5 = \begin{pmatrix} B_5 & C_1 & C_2 & C_3 \\ C_1 & 1 & 1 & 7 \\ C_2 & 1 & 1 & 7 \\ C_3 & \frac{1}{7} & \frac{1}{7} & 1 \end{pmatrix}, \quad B_6 = \begin{pmatrix} B_6 & C_1 & C_2 & C_3 \\ C_1 & 1 & 7 & 9 \\ C_2 & \frac{1}{7} & 1 & 1 \\ C_3 & \frac{1}{9} & 1 & 1 \end{pmatrix}.$$

经计算, 整理结果见表 4.17.

表 4.17 工作评价计算结果汇总

准则	文化氛围	发展空间	待遇	单位规模	地理位置	单位声誉	总序
准则层权重	0.1507	0.1792	0.1886	0.0472	0.1464	0.2879	
待选单位 1	0.1365	0.0974	0.2426	0.2790	0.4667	0.7986	0.3952
待选单位 2	0.6250	0.3331	0.0879	0.6491	0.4667	0.1049	0.2996
待选单位 3	0.2385	0.5695	0.6694	0.0719	0.0667	0.0965	0.3052

由表 4.17 可以看出, 3 个待选单位排序为: 单位 1(0.3952)、单位 3(0.3052)、单位 2(0.2996).

例 4.12 食堂就餐问题的数学模型是通过建立就餐满意度指标来分析各食堂的就餐比例, 从而分析各食堂学生比例, 并给出食堂服务质量评价和提高服务质量的建议.

综合考虑多方面因素, 以餐饮价格、教学楼与食堂的距离、宿舍与食堂的距离、食堂服务态度、餐饮卫生、口味、餐厅容量等因素作为准则层, 以食堂服务质量作为目标层, 以不同食堂的服务质量作为方案层, 通过层次分析, 建立食堂满意度的数学模型.

基本假设:

(1) 学生食堂正常运转;

(2) 师生就餐选择具有随机性;

(3) 食堂提供数据可靠;

(4) 每天三餐开放时间固定;

(5) 不考虑恶劣天气影响.

符号说明:

C_1 表示餐饮价格; C_2 表示教学楼与食堂位置关系; C_3 表示宿舍与食堂位置关系; C_4 表示食堂服务态度; C_5 表示餐饮卫生; C_6 表示餐饮口味; C_7 表示食堂容量. P_1, P_2, P_3 表示三个食堂编号.

该问题是一个定性评价问题, 层次分析法能够将定性问题定量化. 因此, 建立

层次模型

目标层A　　　　　食堂服务质量满意度

准则层B　　C_1　C_2　C_3　C_4　C_5　C_6　C_7

方案层C　　　　　　　　P_1　P_2　P_3

通过对比, 准则层对目标层的比较判断矩阵为

$$A = \begin{pmatrix} 1 & 3 & 2 & 5 & 4 & 7 & 8 \\ 1/3 & 1 & 2 & 3 & 5 & 6 & 7 \\ 1/2 & 1/2 & 1 & 2 & 3 & 5 & 5 \\ 1/5 & 1/3 & 1/2 & 1 & 2 & 3 & 4 \\ 1/4 & 1/5 & 1/3 & 1/2 & 1 & 2 & 3 \\ 1/7 & 1/6 & 1/5 & 1/3 & 1/2 & 1 & 2 \\ 1/8 & 1/7 & 1/5 & 1/4 & 1/3 & 1/2 & 1 \end{pmatrix}.$$

方案层对准则层的比较判断矩阵分别为

$$B_1 = \begin{pmatrix} 1 & 2 & 3 \\ 1/2 & 1 & 2 \\ 1/3 & 1/2 & 1 \end{pmatrix}, \quad B_2 = \begin{pmatrix} 1 & 5 & 1/2 \\ 1/5 & 1 & 1/5 \\ 2 & 5 & 1 \end{pmatrix}, \quad B_3 = \begin{pmatrix} 1 & 1/8 & 1/6 \\ 8 & 1 & 2 \\ 6 & 1/2 & 1 \end{pmatrix},$$

$$B_4 = \begin{pmatrix} 1 & 3 & 1/4 \\ 1/3 & 1 & 2 \\ 4 & 1/2 & 1 \end{pmatrix}, \quad B_5 = \begin{pmatrix} 1 & 1/2 & 1/3 \\ 2 & 1 & 1/2 \\ 3 & 2 & 1 \end{pmatrix}, \quad B_6 = \begin{pmatrix} 1 & 5 & 3 \\ 1/5 & 1 & 1/2 \\ 1/3 & 2 & 1 \end{pmatrix},$$

$$B_7 = \begin{pmatrix} 1 & 4 & 8 \\ 1/4 & 1 & 5 \\ 1/8 & 1/5 & 1 \end{pmatrix}.$$

计算所有矩阵的最大特征值及其对应的特征向量

$$\lambda_A = 7.253,$$
$$w_A = (0.3669, 0.2399, 0.1648, 0.0955, 0.0649, 0.0394, 0.0286)^{\mathrm{T}},$$
$$\lambda_{B_1} = 3.009, \quad w_{B_1} = (0.5395, 0.2968, 0.1637)^{\mathrm{T}};$$
$$\lambda_{B_2} = 3.054, \quad w_{B_2} = (0.3520, 0.0887, 0.5593)^{\mathrm{T}};$$
$$\lambda_{B_3} = 3.018, \quad w_{B_3} = (0.0647, 0.5946, 0.3407)^{\mathrm{T}};$$
$$\lambda_{B_4} = 4.23, \quad w_{B_4} = (0.2988, 0.2871, 0.4142)^{\mathrm{T}};$$
$$\lambda_{B_5} = 3.009, \quad w_{B_5} = (0.0192, 0.3481, 0.6327)^{\mathrm{T}};$$
$$\lambda_{B_6} = 3.004, \quad w_{B_6} = (0.6480, 0.1222, 0.2297)^{\mathrm{T}};$$
$$\lambda_{B_7} = 3.094, \quad w_{B_7} = (0.6985, 0.2370, 0.0644)^{\mathrm{T}}.$$

进行一致性检验, 所有的 CR 值都在允许范围内, 因此建立模型可用. 计算

$$W = (w_{B_1}, w_{B_2}, w_{B_3}, w_{B_4}, w_{B_5}, w_{B_6}, w_{B_7}) w_A = (0.3778, 0.2865, 0.3358)^{\mathrm{T}}.$$

由以上结果可知, P_1 食堂服务质量最高, P_3 食堂服务质量次之.

模型改进. 假设食堂就餐满意度为 T_1, 食堂自评满意度 T_2, 学校每天供餐总人数为 N_0:

(1) 同一天内早、中、晚餐时间分别为 t_1, t_2, t_3;

(2) 每天早、中、晚餐分别准备 N_1, N_2, N_3 人餐饮, $N_1 + N_2 + N_3 \leqslant N_0$;

(3) 每天早、中、晚餐就餐人数分别为 m_1, m_2, m_3;

(4) 每天早、中、晚餐因不合胃口离开食堂的人数分别为 n_1, n_2, n_3.

就学校食堂而言, $t_1 = 7:00 \sim 8:00; t_2 = 11:00 \sim 13:00; t_3 = 17:00 \sim 18:30$. 为保证每个食堂的师生就餐, 应满足 $m_i + n_i \leqslant N_i$. 师生在食堂就餐满意度 T_1 可表示为在一天内就餐时刻人数所占比例的乘积

$$T_1 = \frac{m_1}{m_1 + n_1} \frac{m_2}{m_2 + n_2} \frac{m_3}{m_3 + n_3}.$$

食堂基于对师生浪费现象、自身营业利润考虑, 其自身满意度 T_2 可表示为就餐人数占食堂预计人数比例的乘积

$$T_2 = \frac{m_1 m_2 m_3}{N_1 N_2 N_3}.$$

若 $T_1 > T_2$, 则称 $\dfrac{T_1 - T_2}{T_2}$ 为食堂自身服务质量的相对不公平值, 记为 ξ_{ST}; 若 $T_1 < T_2$, 则称 $\dfrac{T_2 - T_1}{T_1}$ 为对师生的满意度的相对不公平值, 记 ξ_{SS}. 对某方的不公平值越小, 某方的满意度越满意. 因此, 可以使用不公平值尽量小的方案减少不公平性.

若满足师生在食堂就餐的服务质量的满意度, 则 $\xi_{SS} < \xi_{ST}$; 若满足食堂自身在就餐服务质量的满意度, 则 $\xi_{SS} > \xi_{ST}$.

建立师生在食堂就餐的服务质量满意度模型:

$$\begin{cases} \max T = \alpha T_1 + \beta T_2, \quad \alpha + \beta = 1, \quad \alpha, \beta, \quad T_1, T_2 \geqslant 0, \\ T_1 > T_2, \\ N_1 + N_2 + N_3 \leqslant N_0, \\ m_i + n_i \leqslant N_i, \quad i = 1, 2, 3. \end{cases}$$

4.6　规 划 方 法

规划类问题是常见的数学建模问题, 离散系统优化一般都可以通过规划模型求解. 规划问题构成运筹学的一重要分支——数学规划.

4.6.1　线性规划

线性规划的目标函数是可以求最大值, 也可以求最小值, 约束条件可以是等号, 也可以是不等号. 为避免形式多样性带来的不便, 线性规划的标准形式为

$$\min_{x} c^{\mathrm{T}}x \quad \text{s.t.} \quad Ax \leqslant b,$$

其中 c, x 为 n 维列向量, b 为 m 维列向量, A 为 $m \times n$ 矩阵. 这是因为 $\max_{x} f(x)$ 可转化为 $\min_{x}(-f(x))$; $Ax \geqslant b$ 可转化为 $-Ax \leqslant -b$.

在线性规划问题中, $c^{\mathrm{T}}x$ 为目标函数, $Ax \leqslant b$ 为约束条件. 满足约束条件的 $x = (x_1, x_2, \cdots, x_n)^{\mathrm{T}}$ 称为可行解, 使目标函数取到最小值的可行解称为最优解. 所有可行解的集合称为可行域, 记为 R. MATLAB 函数形式为 linprog(c,A,b), 它的返回值是向量 x 的值, 也有其他一些函数调用形式 (在 MATLAB 指令窗口运行 help linprog 可以看到所有函数的调用形式), 如

$$[x,fval]=linprog(c,A,b,Aeq,beq,LB,UB,X0,OPTIONS)$$

其中 fval 返回目标函数值, Aeq 和 beq 对应等式约束 $Ax = b$(若不出现等式约束, 以 [ ] 表示), LB 和 UB 分别是变量 x 的下界和上界 (若某个分量无下界或上界, 可设一个特别小的负数 (特别大的正数)), X0 是 x 的初始值, OPTIONS 是控制参数. 例如

$$\min z = 2x_1 + 3x_2 + x_3,$$
$$\text{s.t.} \begin{cases} x_1 + 4x_2 + 2x_3 \geqslant 8, \\ 3x_1 + 2x_2 \geqslant 6, \\ x_1, x_2, x_3 \geqslant 0. \end{cases}$$

MATLAB 命令:

```
c=[2;3;1];  a=[1,4,2;3,2,0];   b=[8;6];
[x,y]=linprog(c,-a,-b,[ ],[ ],zeros(3,1))
```

例 4.13　投资的收益和风险. 市场上有 n 种资产 S_i $(i = 1, 2, \cdots, n)$ 可供投资者选择. 现用数额相当大的资金 M 作一个时期的投资, 购买 S_i 的平均收益率为 r_i, 风险损失率为 q_i. 投资越分散, 总体风险越小. 总体风险可用投资 S_i 中最大的一个风险度量.

购买 S_i 时要交易费 p_i, 当购买不超过给定值 u_i 时, 交易费按 u_i 计算. 同期银行存款利率为 $r_0 (= 5\%)$. 已知 $n = 4$ 时相关数据见表 4.18.

表 4.18　不同资产收益率、风险损失率、交易费率及限额

S_i	收益率 $r_i/\%$	风险损失率 $q_i/\%$	交易费率 $p_i/\%$	限额 $u_i/$元
S_1	28	2.5	1	103
S_2	21	1.5	2	198
S_3	23	5.5	4.5	52
S_4	25	2.6	6.5	40

试给该公司设计一种投资方案, 有选择地购买若干种资产或存银行计息, 使净收益最大、风险尽可能小.

基本假设与符号说明.

(1) 投资数额 M 相当大, 为便于计算, 假设 $M = 1$;

(2) 投资越分散总体风险越小;

(3) 总体风险以 S_i 中最大风险度量;

(4) 在该投资期内 r_i, p_i, q_i, r_0 为定值, 不受其他因素干扰;

(5) n 种资产相互独立;

(6) 净收益和总体风险仅与 r_i, p_i, q_i 有关, 不受其他因素影响.

x_i 为投资 S_i 的资金, a 为投资风险度, Q 为总体收益, ΔQ 为总体收益增量.

模型建立.

(1) 总体风险为 $\max\{q_i x_i | i = 1, 2, \cdots, n\}$.

(2) 交易费为分段函数, 即 $\begin{cases} p_i x_i, & x_i > u_i, \\ p_i u_i, & x \leqslant u_i. \end{cases}$ 由于 $p_i u_i$ 相对 M 很小, 因此可以忽略不计. 这样购买 S_i 净收益为 $(r_i - p_i)x_i$.

(3) 要使净收益最大、总体风险尽可能小, 这是一个多目标规划模型.

目标函数: $\begin{cases} \max \sum\limits_{i=0}^{n} (r_i - p_i)x_i, \\ \min\{\max\{q_i x_i\}\}; \end{cases}$ 约束条件: $\begin{cases} \sum\limits_{i=0}^{n} (1 + p_i)x_i = M, \\ x_i \geqslant 0, \quad i = 0, 1, 2, \cdots, n. \end{cases}$

在实际投资中, 投资者承受风险的程度不一样, 若给定风险一个界限 a, 使最大的风险 $\dfrac{q_i x_i}{M} \leqslant a$, 可找到相应的投资方案. 这样把多目标规划变成一个目标的线性规划.

模型 1　固定风险水平, 优化受益.

$$目标函数: \begin{cases} \max \sum_{i=0}^{n}(r_i - p_i)x_i, \\ \min\{\max\{q_i x_i\}\}; \end{cases}$$

$$约束条件: \begin{cases} \dfrac{q_i x_i}{M} \leqslant a, \\ \sum_{i=0}^{n}(1+p_i)x_i = M, \quad x_i \geqslant 0, \quad i = 0, 1, 2, \cdots, n. \end{cases}$$

模型 2　固定盈利水平, 极小化风险 (k 为投资者期望盈利至少达到的水平).

$$目标函数: R = \min\{\max\{q_i x_i\}\},$$

$$约束条件: \begin{cases} \sum_{i=0}^{n}(r_i - p_i)x_i \geqslant k, \\ \sum_{i=0}^{n}(1+p_i)x_i = M, \quad x_i \geqslant 0, \ i = 0, 1, \cdots, n. \end{cases}$$

模型 3　投资者在权衡资产风险和预期受益两个方面, 希望选择一个自己满意的投资组合, 因此对风险、受益赋予权重 $S(0 < S \leqslant 1)$, 称为投资偏好系数.

$$目标函数: \min S\{\max\{q_i x_i\}\} - (1-S)\sum_{i=0}^{n}(r_i - p_i)x_i,$$

$$约束条件: \sum_{i=0}^{n}(1+p_i)x_i = M, \quad x_i \geqslant 0, \ i = 0, 1, \cdots, n.$$

模型 1 求解　对照表 4.18 中数据, 模型 1 为

$$\min f = -0.05x_0 - 0.27x_1 - 0.19x_2 - 0.185x_3 - 0.185x_4,$$

$$\text{s.t.} \begin{cases} x_0 + 1.01x_1 + 1.02x_2 + 1.045x_3 + 1.065x_4 = 1, \\ 0.025x_1 \leqslant a, \ 0.015x_2 \leqslant a, \ 0.055x_3 \leqslant a, \ 0.026x_4 \leqslant a, \\ x_i \geqslant 0, \quad i = 0, 1, 2, 3, 4. \end{cases}$$

由于 a 是任意给定的风险度, 究竟如何给定, 没有一个准则, 不同的投资者有不同的风险度. 具体计算时从 $a = 0$ 开始, 以步长 $\Delta a = 0.001$ 进行循环搜索. 利用 MATLAB(程序略) 计算结果见图 4.5.

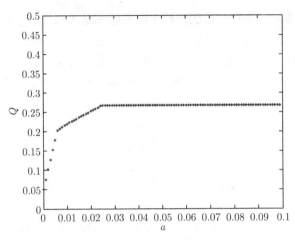

图 4.5 投资组合受益-风险

根据图 4.5, 可以得出如下结论:

(1) 风险大受益也大, 投资越分散, 投资者承担的风险越小;

(2) 图 4.5 曲线上任意一点都表示该风险水平的最大受益和该受益要求的最小风险对于不同风险的承受能力, 选择该风险水平下的最优投资组合;

(3) 在 $a = 0.006$ 附近有一个转折点, 在该点左边风险增加很少时, 利润增长很快; 在该点右边, 风险增加很大时, 利润增加缓慢. 所以对于风险和受益没有特殊偏好的投资者来讲, 应该选择曲线的拐点作为最优投资组合, 大约 $a^* = 0.6\%, Q^* = 20\%$, 所对应投资方案见表 4.19.

表 4.19 最优投资组合

风险度	受益	x_0	x_1	x_2	x_3	x_4
0.0060	0.2019	0	0.2400	0.400	0.1091	0.2212

4.6.2 非线性规划

与线性规划不同, 目标函数或者约束函数中有一个非线性函数的规划问题称为非线性规划. 非线性规划的种类繁多, 且其求解方法也是大有不同. 本节介绍无约束优化问题, 对于含有不同类型约束的非线性规划问题, 可以借助优化软件获得最优或相对满意解.

1. 无约束非线性规划的算法概述

无约束优化问题的一般形式为

$$\min_{x \in R^n} f(x).$$

对于二次可微的 $f(x)$, 一般的迭代下降算法都是求得其一个极值点, 即求得一个点 x^* 使得 $f(x)$ 在该点处的梯度 $\nabla f(x^*) = 0$. 给定初始点 $x^{(0)}$, 具体可描述为:

(1) 按照某种规则, 构造 f 在点 $x^{(k)}$ 处的下降方向 $d^{(k)}$;

(2) 以 $d^{(k)}$ 为搜索方向, 确定步长 $\alpha^{(k)}$, 使得目标函数 $f(x)$ 的值某种程度上减小, 即 $f(x^{(k)} + \alpha^{(k)} d^{(k)}) < f(x^{(k)})$;

(3) 令 $x^{(k+1)} = x^{(k)} + \alpha^{(k)} d^{(k)}$, 以此循环下去, 直至 $\nabla f(x^{(k)}) = 0$.

不难发现方向 $d^{(k)}$ 和步长 $\alpha^{(k)}$ 在上述迭代算法中扮演着重要的角色, 因此迭代算法一般都是依据这二者的不同而命名. 按照下降方向 $d^{(k)}$ 的选择, 主要有最速下降法、Newton 算法、共轭梯度法等, 读者可看相关参考文献.

一旦当前点 $x^{(k)}$ 处的下降方向 $d^{(k)}$ 确定了, 接下来通过一维搜索的方法找一个适合的步长因子 $\alpha^{(k)} > 0$, 使得目标函数值有某种程度的下降. 一维搜索大致可分精确和不精确两种方式. 一维精确搜索是求得一个 $\alpha^{(k)} > 0$ 使得

$$f(x^{(k)} + \alpha^{(k)} d^{(k)}) = \min_{\alpha > 0} f(x^{(k)} + \alpha d^{(k)})$$

成立. 精确一维搜索大致可分为两类:

(1) 不采用导数的方法, 如二分法、0.618 法、Fibonacci 法、割线法等;

(2) 采用导数的方法, 如 Newton 法、抛物线法以及各类插值法等.

一维精确搜索往往比较费时, 且对收敛速度的提高意义也不是很大. 在实际的算法设计中, 大家往往青睐于非精确搜索方法.

2. 非线性规划问题的软件实现

无约束最小化问题

$$\min_{x \in R^n} f(x).$$

MATLAB 求解命令

$$[\text{x, fval}] = \text{fminunc}('\text{F}'),$$

这里 F 是 $f(x)$ 的算术表达式.

例 4.14　用 MATLAB 解决下面二次规划问题

$$\min z = \frac{1}{2} x^{\mathrm{T}} Q x + c^{\mathrm{T}} x,$$

$$\text{s.t.} \begin{cases} Ax \leqslant b, \\ Bx = d, \\ l \leqslant x \leqslant u, \end{cases}$$

其中, $x \in R^n$, $Q \in R^{n \times n}$, c, l, $u \in R^n$, A, B, b, d 是适宜的矩阵和向量.

直接调用 MATLAB 库函数来求解, 命令如下

[x, fval]=quadprog(Q, c, A, b, B, d, l, u).

用 MATLAB 解决一般的在线性约束区域上的规划问题

$$\min z = f(x),$$
$$\text{s.t.} \begin{cases} Ax \leqslant b, \\ Bx = d, \\ l \leqslant x \leqslant u, \end{cases}$$

在 MATLAB 优化工具箱中, fmincon 函数是用序列二次规划 (SQP) 算法来求得目标函数为非线性函数且具有线性约束的规划问题的最优解, 对应的命令格式为

[x, fval] =fmincon ('fun', c, A, b, B, d, l, u).

求解线性约束最小化问题

$$\min(x_1 - 1)^2 + (x_2 - 2)^2 + (x_3 - 3)^2 + (x_4 - 4)^2,$$
$$\text{s.t.} \begin{cases} x_1 + x_2 + x_3 + x_4 \leqslant 5, \\ 3x_1 + 3x_2 + 2x_3 + x_4 \leqslant 10, \end{cases} \quad x_1, \ x_2, \ x_3, \ x_4 \geqslant 0,$$

首先建立一个 M 文件 fun1.m:

```
function y=fun1(x)
y=(x(1)-1)^2+(x(2)-2)^2+(x(3)-3)^2+(x(4)-4)^2;
```

并存储为 fun1.m, 方便以后调用. 选一初始可行点 $x_0 = [1, \ 1, \ 1, \ 1]^T$, 程序代码如下:

```
x0=[1;1;1;1];
A=[1 1 1 1;3 3 2 1];
b=[5;10];
l=[0;0;0;0];
[x, g]=fmincon('fun1', x0, A, b, [], [], l)
```

运行结果为

```
x=0.0000
   0.6667
   1.6667
   2.6667
 g=
 6.3333
```

4.6.3　整数规划

如果数学规划的某些决策变量或全部决策变量要求必须是整数, 则这样的规划称为整数规划. 整数规划分为 4 类:

(1) 纯 (完全) 整数规划: 所有决策变量都限制为整数;

(2) 混合整数规划: 部分决策变量限制为整数;

(3) 0-1 整数规划: 所有决策变量限制为 0-1 的规划;

(4) 混合 0-1 规划: 部分决策变量限制为整数, 部分决策变量限制为 0-1.

若整数规划的目标函数和约束条件都是线性的, 则称为整数线性规划.

目前, 没有一种方法可以有效求解一切整数规划, 常见的算法包括:

(1) 分枝定界法: 可求纯或混合整数线性规划;

(2) 割平面法: 可求纯或混合整数线性规划;

(3) 隐枚举法: 用于求解 0-1 整数规划, 有过滤枚举法和分枝隐枚举法;

(4) 匈牙利法: 解决指派问题 (0-1 规划特殊情形);

(5) 蒙特卡罗法: 求解各种类型规划.

下面主要介绍分枝定界法.

把全部可行解空间反复分割为越来越小的子集, 称为分枝; 对每个子集的解集, 计算下一个目标下界 (对于最小值问题), 称为定界. 在每次分枝后, 凡是界限不优于已知可行解集目标值的那些子集不再进一步分枝, 这样许多子集不再考虑, 称为剪枝. 这就是分枝定界法的基本思想. 该法由 LandDoig 和 Dakin 于 20 世纪 60 年代提出, 目前主要用于生产进度问题、旅行推销员问题、工厂选址问题、背包问题及分配问题等.

设有最大化整数规划问题 A, 与之相应的线性规划问题 B, 从解 B 开始, 若其最优解不符合 A 的整数条件, 那么 B 的最优目标函数值必是问题 A 的最优目标函数值 z^* 的上界 $\bar{z}$; 而 A 的任意可行解的目标函数值将是 z^* 的一个下界 $\underline{z}$. 分枝定界就是逐步减小 $\bar{z}$ 和增大 $\underline{z}$, 最终求得 z^*.

例 4.15　求解下列整数线性规划问题 A:

$$\max z = 40x_1 + 90x_2,$$
$$\text{s.t.} \begin{cases} 9x_1 + 7x_2 \leqslant 56, \\ 7x_1 + 20x_2 \geqslant 70, \\ x_1, x_2 \geqslant 0 \text{为整数}. \end{cases}$$

解　(1) 不考虑 x_1, x_2 整数要求, 得到线性规划问题 B. 求解问题 B 的最优解与最优值分别为 $x_1 = 4.8092, x_2 = 1.8168; z_0 = 355.8779$. 由于最优解不是整数, 这时 z_0 记为问题 A 的上界 $\bar{z} = z_0$. 而 $x_1 = 0, x_2 = 0$ 显然是问题 A 的一个整数可行解, 因此 $z = 0$ 是 A 的一个下界 $\underline{z} = 0$, 从而 $0 \leqslant z^* \leqslant 356$.

(2) 分枝. 因为 x_1, x_2 当前均不是整数, 任选一个进行分枝. 选 x_1 进行分枝, 把可行集分成 2 个子集: $x_1 \leqslant [4.8092] = 4, x_2 \geqslant [4.8092] + 1 = 5$. 因 4 与 5 之间没有整数, 故这两个子集内的整数解必与原问题可行集整数解一致. 这样将 B 分为两个子问题 B_1, B_2:

$$B_1: \quad \max z = 40x_1 + 90x_2, \quad \text{s.t.} \begin{cases} 9x_1 + 7x_2 \leqslant 56, \\ 7x_1 + 20x_2 \geqslant 70, \\ 0 \leqslant x_1 \leqslant 4, x_2 \geqslant 0 \text{为整数}; \end{cases}$$

$$B_2: \quad \max z = 40x_1 + 90x_2, \quad \text{s.t.} \begin{cases} 9x_1 + 7x_2 \leqslant 56, \\ 7x_1 + 20x_2 \geqslant 70, \\ x_1 \geqslant 5, x_2 \geqslant 0 \text{为整数}. \end{cases}$$

问题 B_1 的最优解 $x_1 = 4.0, x_2 = 2.1; z_1 = 349$; 问题 B_2 的最优解 $x_1 = 5.0, x_2 = 1.57; z_2 = 341.4$.

再定界 $0 \leqslant z^* \leqslant 349$.

(3) 对问题 B_1 进行分枝得 B_{11}, B_{12}, 它们最优解 $B_{11}: x_1 = 4, x_2 = 2, z_{11} = 340; B_{12}: x_1 = 1.43, x_2 = 3; z_{12} = 327.14$.

再定界 $340 \leqslant z^* \leqslant 341$.

(4) 对 B_{12} 进行分枝得问题 B_{21}, B_{22}, 最优解 $B_{21}: x_1 = 5.44, x_2 = 1; z_{21} = 308; B_{22}$ 无可行解.

将 B_{21}, B_{22} 剪枝. 于是可得问题 A 的最优解 $x_1 = 4, x_2 = 2; z^* = 340$.

接下来, 举例介绍 0-1 规划.

0-1 规划是整数规划中的特殊情形, 它的变量 x_i 仅取 0 或 1, 表示为 $x_i(1-x_i) = 0$.

例 4.16 求解 0-1 规划:

$$\max z = 3x_1 - 2x_2 + 5x_3,$$
$$\text{s.t.} \begin{cases} x_1 + 2x_2 - x_3 \leqslant 2, \\ x_1 + 4x_2 + x_3 \leqslant 4, \\ x_1 + x_2 \leqslant 3, \\ 4x_2 + x_3 \leqslant 6, \\ x_1, x_2, x_3 = 0 \text{ 或 } 1. \end{cases}$$

解 (1) 试探性求一可行解, 易看出 $(x_1, x_2, x_3) = (1, 0, 0)$ 满足约束条件, 故为可行解, 且 $z = 3$.

(2) 因为是求极大值问题, 所以求最优解时, 凡是目标值 $z < 3$ 的解不必检验是否满足约束条件, 删除即可. 于是增加一个约束条件 (目标值下界) $3x_1 - 2x_2 + 5x_3 \geqslant$

3, 这个条件为过滤条件. 从而原问题等价于

$$\max z = 3x_1 - 2x_2 + 5x_3,$$

$$\begin{cases} ① : 3x_1 - 2x_2 + 5x_3 \geqslant 3, \\ ② : x_1 + 2x_2 - x_3 \leqslant 2, \\ ③ : x_1 + 4x_2 + x_3 \leqslant 4, \\ ④ : x_1 + x_2 \leqslant 3, \\ ⑤ : 4x_2 + x_3 \leqslant 6, \\ ⑥ : x_1, x_2, x_3 = 0 \text{ 或 } 1. \end{cases}$$

若用全部枚举法, 3 个变量共有 8 种可能组合, 依次检验看是否满足条件① ~ ⑤. 对某个组合, 若不满足① (过滤条件), 则约束条件② ~ ⑤不再检验; 若满足 ① ~ ⑤, 且相应目标值严格大于 3, 则进行步骤 (3).

(3) 改进过滤条件.

(4) 由于对每个组合首先计算目标值以验证过滤条件, 故应优先计算目标值, 这样可提前抬高门槛, 以减少计算量.

按照上述思路和方法, 求解过程见表 4.20.

表 4.20   求解过程

(x_1, x_2, x_3)	目标值	①	②	③	④	⑤	过滤条件
$(0, 0, 0)$	0	×					
$(1, 0, 0)$	3	√	√	√	√	√	$3x_1 - 2x_2 + 5x_3 \geqslant 3$
$(0, 1, 0)$	−2	×					
$(0, 0, 1)$	5	√	√	√	√	√	$3x_1 - 2x_2 + 5x_3 \geqslant 5$
$(1, 1, 0)$	1	×					
$(1, 0, 1)$	8	√	√	√	√	√	$3x_1 - 2x_2 + 5x_3 \geqslant 8$
$(1, 1, 1)$	6	1	×				
$(0, 1, 1)$	3	×					

从而得最优解 $(x_1, x_2, x_3) = (1, 0, 1)$, 最优值 $z = 8$.

4.7 云模型与 K-均值

4.7.1 云模型

云模型由中国工程院院士李德毅提出, 属于不确定性人工智能范畴, 主要用于定性与定量之间的相互转换. "云" 或 "云滴" 是云模型的基本单元, 是指其在论域

上的一个分布, 可以用联合概率的形式 (x, μ) 来类比. 例如,"高个子"在论域 U 内是一个定性概念, 但形容一个人是高个子是一件较为模糊的事情, 因为无法确定身高究竟多少才是高个子, $x = 2, \mu = 1.0$ 表明一个身高 2 m 的人 100% 属于高个子, 这点不容置疑. 但 $x = 1.75, \mu = 0.55$ 表明一个身高 1.75 m 的人, 算得上高个子的符合程度只有 55%.

云模型用三个数据来表示特征.

期望: 云滴在论域空间分布的期望, 用符号 Ex 表示.

熵: 不确定性程度, 由离群程度和模糊程度来决定, 用符号 En 表示.

超熵: 用来度量熵的不确定性, 即熵的熵, 用符号 He 表示.

云有两种发生器: 正向云发生器和逆向云发生器, 分别生成足够的云滴和计算云滴的云数字特征 (Ex, En, Hc).

正向云发生器的触发机制:

(1) 生成以 En 为期望, 以 He^2 为方差的正态随机数 En′;

(2) 生成以 Ex 为期望, 以 Ex'^2 为方差的正态随机数 x;

(3) 计算隶属度 (确定度)$\mu = \exp\left(-\dfrac{(x - \text{Ex})^2}{2\text{En}'^2}\right)$, 则 (x, μ) 即为相对于论域 U

的一个云滴. 这里选择常用的 "钟形" 函数 $\mu = \exp\left(-\dfrac{(x - a)^2}{2b^2}\right)$;

(4) 重复步骤 (1)∼ (3), 直至生成足够的云滴.

对应地, 逆向云发生器用来计算云滴的数字特征 (Ex, En, He). 这里介绍的是无须确定度信息的逆向云发生器. 假设样本 x 的容量为 n, 其触发机制如下:

(1) 计算样本均值 $\bar{X}$ 和方差 S^2;

(2) $\text{Ex} = \bar{X}$;

(3) $\text{En} = \sqrt{\dfrac{\pi}{2}} \times \dfrac{1}{n} \sum |x - \text{Ex}|$;

(4) $\text{He} = \sqrt{S^2 - \text{En}^2}$.

例如, 男子气步枪 60 发比赛的 4 位选手成绩见表 4.21, 通过分析选出一位发挥最出色的选手.

表 4.21　比赛成绩

射击轮次	1	2	3	4	5	6	7	8	9	10
A	9.5	10.3	10.6	10.5	10.9	10.6	10.4	10.1	9.3	10.5
B	10.3	9.7	8.6	10.4	9.8	9.8	10.5	10.2	10.2	10.0
C	10.1	10.4	9.2	10.1	10.0	9.7	10.6	10.8	9.6	10.7
D	8.1	10.1	10.0	10.1	10.1	10.0	10.3	8.4	10.0	9.9

根据表 4.21, 编写 MATLAB 命令:

```
clc; clear all;
N=1500;   % 每幅图生成1500云滴
% 录入原始数据
Y=[9.5 10.3 10.1 8.1
10.3 9.7 10.4 10.1
......
10.5 10.0 10.7 9.9]'
for i=1: size(Y,1)
subplot(size(Y,1)/2,2,i)
% 调用函数
[x,y,Ex,En,He]=cloun_transform(Y(i,:),n);
plot(x,y,'r');
xlabel('射击成绩分布/环'); ylabel('确定度');
title(strcat('第',num2str(i),'人射击云模型还原图谱'));
% 统一坐标轴的范围,保证云模型形态具有可比性
axis([8,12,0,1]);
end
% 以下是函数cloud_transform(y_spor,n)
function[x,y,Ex,En,He]=cloud_transform(y_spor,n)
% x表示云滴,y表示隶属度(这里用钟形函数)
Ex=mean(y_spor); En=mean(abs(y_spor-Ex))*sqrt(pi/2);
He=sqrt(var(y_spor-En^2));
for q=1:n
    Enn=randn(1)*He+En;
    x(q)=randn(1)*Enn+Ex;
    y(q)=exp(-(x(q)-Ex)^2/(2*Enn^2));
end
x; y;
```

云模型的确定度 (隶属度) 表示倾向的稳定程度, 在图谱上表现出来就是云滴是否集中. 由图 4.6, 显然选手 2 和选手 4 射击环数分布跨度较大, 基本在 8 环和 9 环之间都有很显著的分布倾向, 且选手 4 的期望 Ex 位于 10 环的左侧. 选手 1 和选手 3 比起来, 选手 3 云滴凝聚饱和程度更高, 所以认为选手 3 发挥更出色些.

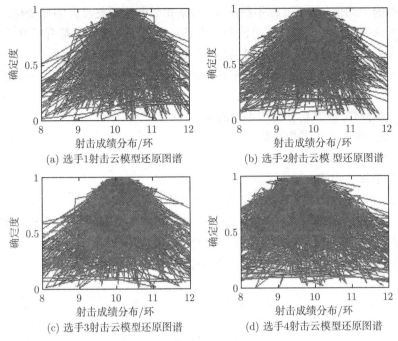

(a) 选手1射击云模型还原图谱 (b) 选手2射击云模 型还原图谱

(c) 选手3射击云模型还原图谱 (d) 选手4射击云模型还原图谱

图 4.6　云模型图谱

4.7.2　K-均值

在工程技术、经济社会等领域, 常常需要按一定的标准 (相似程度) 进行分类, 这就是常说的 "物以类聚, 人以群分". 例如, 根据土壤的性质对土壤进行分类, 以便于科学安排种植. 对所研究的对象按一定标准进行分类的数学方法称为聚类分析. 聚类方法包括模糊聚类、灰色聚类等, 这里提出 K-均值方法.

K-均值 (也称 K-Means) 聚类算法是著名的划分聚类的分割方法, 其基本思想是, 给定一个有 N 个元组或记录数据集, 分裂法将构造 K ($K < N$) 个分组, 每个分组就代表一个聚类, 且这 K 个分组满足下列条件之一:

(1) 每个分组至少包含一个数据记录;

(2) 一个数据记录属于且仅属于一个分组.

对于给定的 K, 算法首先给出一个初始的分组方法, 然后通过反复迭代的方法改变分组, 使得每一次改进之后的分组方案较前一次的好, 而所谓好的标准就是: 同一分组中的记录越来越接近 (已经收敛, 反复迭代至组内数据几乎无差异), 而不同分组中的记录越来越远.

K-均值算法原理: 首先随机从数据集中选取 K 个点, 每个点初始代表该聚类的中心, 然后计算剩余各个样本到聚类中心的距离, 将它赋给最近的类, 然后重新计算每组的平均值, 整个过程不断重复. 如果相邻两次调整没有明显变化, 说明数据聚类形成的组已经收敛. 该算法的一个特点是在每次迭代中都有考察每个样本的分类是否正确. 若不正确, 就要调整, 在全部样本调整完成后, 再修改聚类中心, 进入下一次迭代. 这个过程将不断重复直到满足某个终止条件. 终止条件为下列条件之一:

(1) 没有对象被重新分配给不同的聚类;

(2) 聚类中心不再发生变化;

(3) 误差平方和局部最小.

K-均值算法步骤:

(i) 从 N 个数据对象任意选择 K 个对象作为初始聚类中心;

(ii) 根据每个聚类对象的均值 (中心对象), 计算每个对象与这些中心对象的距离, 并根据最小距离重新对相应对象进行划分;

(iii) 重新计算每个聚类的均值 (中心对象)

$$E = \sum_{j=1}^{K} \sum_{x_i \in w_j} \|x_i - m_j\|^2;$$

(iv) 返回 (ii), 直到每个聚类不再发生变化为止.

K-均值算法的特点包括: 在 K-均值算法中的 K 是事先给定的, 也是难以估计的. 首先根据初始聚类中心确定一个初始划分, 然后对初始划分进行优化. 需要不断进行样本分类调整, 因此当数据量大时, 算法时间是可观的. 该算法对一些离散点和初始 K-均值敏感, 不同的初始值对同样的数据样本可能得到不同的结果.

例如, 已知有 20 个样本, 每个样本有 2 个特征, 数据分布见表 4.22, 试对这些数据进行分类.

表 4.22　20 个样本数据

特征	样本 1	样本 2	样本 3	样本 4	样本 5	样本 6	样本 7	样本 8	样本 9	样本 10
x_1	0	1	0	1	2	1	2	3	6	7
x_2	0	0	1	1	1	2	2	2	6	6

特征	样本 11	样本 12	样本 13	样本 14	样本 15	样本 16	样本 17	样本 18	样本 19	样本 20
x_1	8	6	7	8	9	7	8	9	8	9
x_2	6	7	7	7	7	8	8	8	9	9

```
clc; clear
x=[0 0;1 0;0 1;1 1;2 1;1 2;2 2;3 2;6 6;7 6;8 6;6 7;7 7;8 7;9 7;
   7 8;8 8;9 8;8 9;9 9];
z=zeros(2,2); z1=zeros(2,2); z=x(1:2,1:2); % 寻找聚类中心
```

```
    while 1
    count=zeros(2,1);
    allsum=zeros(2,2);
for i=1:20 % 对每一个样本 i, 计算到 2 个聚类中心距离
    temp1=sqrt((z(1,1)-x(i,1))^2+(z(1,2)-x(i,2))^2);
    temp2=sqrt((z(2,1)-x(i,1))^2+(z(2,2)-x(i,2))^2);
    if(temp1<temp2)
        count(1)=count(1)+1;
        allsum(1,1)=allsum(1,1)+x(i,1);
        allsum(1,2)=allsum(1,2)+x(i,2);
    else
        count(2)=count(2)+1;
        allsum(2,1)=allsum(2,1)+x(i,1); allsum(2,2)
                    =allsum(2,2)+x(i,2);
    end
    end
    z1(1,1)=allsum(1,1)/count(1);
    z1(1,2)=allsum(1,2)/count(1);
    z1(2,1)=allsum(2,1)/count(2);
    z1(2,2)=allsum(2,2)/count(2);
    if(z==z1)
        break
    else
        z=z1;
    end
    end
    % 结果显示
    disp(z1); % 输出聚类中心
    plot(x(:,1),x(:,2),'b*');
    hold on
    plot(z1(:,1),z1(:,2),'ro') ;
    title('K-均值法分类图');
    xlabel('特征x1'); ylabel('特征x2');
```
程序运行得到图 4.7, 从图中看出聚类效果非常显著.

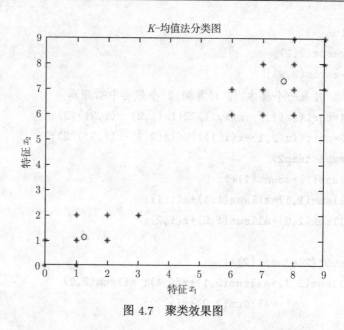

图 4.7　聚类效果图

4.8　微分与差分方法

4.8.1　微分方法

微分方法通常是建立微分方程模型, 建模一般可分以下三步:

(1) 根据实际要求确定研究的量 (自变量、未知函数、必要的参数等), 并确定坐标系;

(2) 找出这些量所满足的基本规律 (物理、几何、化学、生物学等);

(3) 运用这些规律列出方程和定解条件.

例 4.17　草坪积水问题. 露天草地网球比赛易受雨天的干扰, 常因下雨被迫中断. 由于防水层未必有效, 往往需要一段时间使草地的表层充分干后, 才可以继续比赛. 雨停后, 部分雨水直接渗入地下, 部分雨水蒸发. 虽然有机械装置可用来加速干燥, 但为避免损伤草皮, 常常让其自然干燥. 能否建立一个数学模型描述这一干燥过程, 预测何时可以恢复比赛.

下雨之前草皮是干的, 雨大约持续 1 小时 (h), 在草地中聚集 hm 高的水, 通过渗入、蒸发使草地的积水减少, 最终自然变干恢复比赛. 由此可将研究对象视为草地单位面积积水量 Q, 它随时间 t 而变化. 问题要求得到 $Q(t)$ 的关系式, 并预测多长时间 $Q(t) = 0$.

由以上分析, 涉及该问题相关因素包括: 时间 t(单位: s)、降雨速度 $v(t)$(单位: m/s)、草地面积 D(单位: m²)、草坪厚度 S(单位: m)、草坪积水深度 $Q(t)$(单位: m)、蒸发率 $e(t)$(单位: m/s)、渗透率 $p(t)$(单位: m/s)、雨停时间 l(单位: s)、比例系数 a, b.

雨水深度 $Q(t)$ 乘以草坪面积 D 为水的实际体积, eD, pD 即为体积流速.

基本假设:

(1) 下雨前草坪干燥, 即 $Q(0) = 0$, 在降雨过程中, 蒸发几乎不可能, 于是仅考虑渗透, 雨停后通过渗透、蒸发排除, 其他因素不考虑;

(2) 为简化模型, 不考虑空气中的湿度与温度, 渗透率与蒸发率和草地水量成正比;

(3) 降雨速度为常数.

该模型是一个输入输出模型, 草坪中的雨水量在 Δt 时段内平衡式为

$$草坪积水量增量 = 流入量 - 流出量,$$

其中草坪积水增量 $= \Delta Q(t)D$, 流入量 $= v(t)\Delta t$, 流出量分两部分: 一是下雨开始到停止, 只有渗透排水, 此时渗透量与草地的水量成正比 (比例系数为 a), 则

$$渗透量 = p(t)D\Delta t = aQ(t)D\Delta t;$$

二是雨停后, 除渗透排水, 还有蒸发. 由假设得

$$蒸发量 = e(t)D\Delta t = bQ(t)D\Delta t \quad (b \text{ 为比例系数}),$$

于是

$$流入量 - 流出量 = \begin{cases} v(t)D\Delta t - aQ(t)D\Delta t, & 0 < t < l, \\ -aQ(t)D\Delta t - bQ(t)D\Delta t, & t \geqslant l. \end{cases}$$

整理上述关系, 并让 $\Delta t \to 0$, 得到数学模型

$$Q'(t) = \begin{cases} v - aQ(t), & 0 < t < l, \\ -(a+b)Q(t), & t \geqslant l, \end{cases}$$

这是一个变量可分离常微分方程.

若取 $l = 1800$ s(即降雨 30 min), 草地水深 $h = 0.018$ m, 降雨速度为常数 $v = \dfrac{h}{l} = 10^{-5}$ m/s, 初始条件 $Q(0) = 0$. 对应参数 a, b 可通过辨识法得到, 在此假设 $a = 0.001, b = 0.0005$. 将这些数据代入, 求解

$$Q(t) = \begin{cases} 0.01(1 - \mathrm{e}^{-0.001t}), & 0 < t < 1800, \\ Q(1800)\mathrm{e}^{-0.0015t} \approx 0.1242\mathrm{e}^{-0.0015t}, & t \geqslant 1800. \end{cases}$$

上式描述阵雨过程和阵雨后草坪积水量随时间变化情况, 现在的问题是寻求恢复比赛的时间 t_0 使 $Q(t_0) = 0$. 然而 $Q(t)$ 的值实际上达不到 0. 一般认为, 当草坪积水量达到最大水量的 10% 时, 就可以恢复比赛. 因此, 由 $Q(1800) \times 10\% = 0.1242e^{-0.0015t}$ 求解得到 $t_0 \approx 3342s$, 即大约阵雨停后 (3342−1800=1542)26 分钟后可恢复比赛.

例 4.18　油气产量和可采储量预测. 为了能够准确预测油气田产量和可采储量对油气田的科学开发决策至关重要. 1995 年, 研究人员通过国内外一些油气田开发资料研究得出: 油气田的产量与累积产量之比 $r(t)$ 与其开发时间 t 存在较好的半对数关系 $\ln r(t) = A - Bt$, 其中 $B > 0$.

根据某油气田 1957~1976 年共 20 年的产气量数据 (表 4.23), 建立该油气田产量预测模型, 并将预测值与实际值进行比较.

表 4.23　1957~1976 年产气量数据表

年份	1957	1958	1959	1960	1961	1962	1963	1964	1965	1966
产量 $\times 10^8$ m³	19	43	59	82	92	113	138	148	151	157
年份	1967	1968	1969	1970	1971	1972	1973	1974	1975	1976
产量 $\times 10^8$ m³	158	155	137	109	89	79	70	60	53	45

假设开发时间 t 以年为单位, 油气田的年产量为 Q、累积产量为 N, 则有 $Q = N'(t)$. 由题设条件知累积产量 N 满足 $N'(t) = r(t)N$. 现在问题的关键是确定 $r(t)$. 注意到 $\ln r(t) = A - Bt$, 得

$$\frac{Q}{N} = ae^{-bt}, \quad a = e^A, \quad b = B.$$

设油气田可采储量为 N_r, 相对应开发时间为 t_r, 由此得到预测油气产量微分方程为

$$N'(t) = ae^{-bt}N, \quad N(t_r) = N_r.$$

上式解析解为

$$N = N_r \exp\left(\frac{a}{b}(e^{-bt_r} - e^{-bt})\right).$$

由于 t_r 很大, 即 $ae^{-bt_r} \approx 0$, 所以预测油气田累积产量模型为

$$N = N_r \exp\left(-\frac{a}{b}e^{-bt}\right).$$

对上式求导, 得到

$$Q = N'(t) = aN_r \exp\left(-\frac{a}{b}e^{-bt}\right)\exp(-bt).$$

为确定可采储量 N_r, 对 N 的关系式取对数, 得

$$\ln N = \ln N_r - \frac{a}{b}\mathrm{e}^{-bt} = \alpha + \beta x, \quad \alpha = \ln N_r, \quad \beta = -\frac{a}{b}, \ x = \mathrm{e}^{-bt}.$$

根据表 4.23 中数据, 利用线性回归得到图 4.8 和图 4.9. 由图中曲线可以看出预测结果令人满意.

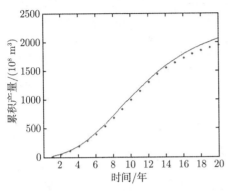

图 4.8 累积产量实际值 (点线) 与预测值   图 4.9 年产量实际值与预测值 (实线)

MATLAB 程序为:

```
% 输入数据
t=[1:20];
data=[19 43 59 82 92 113 138 148 151 157 158 155 137 109 89 79 70
    60 53 45];
% 计算累积产量、产量与累积产量之比
N(1)=data(1);r(1)=1;
for i=2:20
N(i)=N(i-1)+data(i);r(i)=data(i)/N(i);
end
% 计算参数 A, B(截距、斜率)
p=polyfit(t,log(r),1);
A=p(2);B=-p(1);
a=exp(A);b=B;
% 下面计算不同时间 x=exp(-bt) 和 lnN，并进行线性回归，求截距和斜率，
    再计算可采储量 Nr
x=exp(-b*t);z=log(N);
p1=polyfit(x,z,1);
alpha=p1(2);beta=p1(1);Nr=exp(alpha);
```

```
% 再预测累积产量、年产量,画图
% 预测累积产量
YN=Nr*exp(-a/b*exp(-b*t));
% 预测年产量
YQ=a*Nr*exp(-a/b*exp(-b*t)).*exp(-b*t);
% 画图: 累积产量实际值(点线),预测值(实线)
plot(t,YN,'b-',t,N,'r.')
xlabel('时间(年)')
ylabel(' 累积产量 (10^8m^3)')
% 画图: 年产量实际值(点线),预测值(实线)
figure;plot(t,YQ,'b-',t,data,'r.')
xlabel('时间(年)')
ylabel(' 年产量 (10^8m^3)')
```

4.8.2　差分方法

差分方程是包含若干离散点上未知变量的方程式, 通常用于描述在离散时间段上客观对象的动态变化过程, 是对现实问题中随时间连续变化过程的近似. 将离散时间段记作 $k = 0, 1, 2, \cdots$, 未知量 x 在时段 k 的数值记为 x_k, 常见的差分方程主要有以下四种.

(1) 一阶线性常系数差分方程

$$x_{k+1} = ax_k + b, \quad x_0 \text{ 已知}, \quad k = 0, 1, 2, \cdots,$$

其中 a, b 为已知常数, 其解为

$$x_k = a^k \left(x_0 - \frac{b}{1-a} \right) + \frac{b}{1-a}, \quad k = 1, 2, \cdots.$$

如果 $|a| < 1$, 则当 $k \to \infty$ 时, $x_k \to x = \dfrac{b}{1-a}$, x 称为该差分方程的稳定平衡点.

(2) 二阶线性常系数差分方程

$$x_{k+2} + a_1 x_{k+1} + a_2 x_k = b, \quad k = 0, 1, 2, \cdots, \quad x_0, x_1 \text{已知}.$$

其解为

$$x_k = c_1 \lambda_1^k + c_2 \lambda_2^k + \frac{b}{1 + a_1 + a_2}, \quad k = 0, 1, 2, \cdots,$$

其中 λ_1, λ_2 是代数方程 $\lambda^2 + a_1 \lambda + a_2 = 0$ 的根, c_1, c_2 由 x_0, x_1 确定.

(3) 线性常系数差分方程组

$$x(k+1) = Ax(k) + b, \quad k = 0, 1, 2, \cdots,$$

其中 $x(k) = (x_1(k), x_2(k), \cdots, x_n(k))^{\mathrm{T}}, b = (b_1, b_2, \cdots, b_n)^{\mathrm{T}}, A = (a_{ij})_{n \times n}$.

(4) 离散形式阻滞增长模型

$$x_{k+1} - x_k = r\left(1 - \frac{x_k}{N}\right)x_k, \quad k = 0, 1, 2, \cdots.$$

例 4.19 管住嘴迈开腿. 目前公认的测评体重的标准是联合国世界卫生组织颁布的体重指数 $\mathrm{BMI} = \dfrac{M}{H^2}$, 其中 M 为体重(kg), H 为身高(m). 具体标准见表4.24.

表 4.24 体重指数分级标准

	偏瘦	正常	超重	肥胖
联合国世界卫生组织标准	< 18.5	$18.5 \sim 24.9$	$25.0 \sim 29.9$	$\geqslant 30.0$
中国参考标准	< 18.5	$18.5 \sim 23.9$	$24.0 \sim 27.9$	$\geqslant 28.0$

随着生活水平的提高, 肥胖人群越来越庞大, 于是减肥者不在少数. 大量事实说明, 大多数减肥药并不能够达到减肥效果, 或者即使成功减肥也未必长效. 专家建议, 只有通过控制饮食和适当运动, 才能在不伤害身体的前提下, 达到控制体重的目的. 现在建立一个数学模型, 并由此通过节食与运动制定合理、有效的减肥计划.

在正常情况下, 人体通过食物摄入的热量与代谢和运动消耗的热量大体上是均衡的, 此时体重基本保持不变. 当体内能量守恒被破坏, 就会引起体重变化. 通常, 制定减肥计划以周为单位比较合适, 这里建立差分模型.

假设:

(1) 体重增加正比于吸收的热量, 平均每 8000 kcal 热量增加 1 kg 体重;

(2) 身体正常代谢引起的体重减少正比于体重, 每周每 kg 体重消耗热量约在 200 kcal 到 320 kcal 之间, 且因人而异, 这相当于体重 70 kg 的人每天消耗 2000 kcal 到 3200 kcal 热量;

(3) 运动引起的体重减少正比于体重, 且与运动形式和时间有关;

(4) 为保证安全健康, 每周吸收热量不小于 10000 kcal, 且每周减少量不超过 1000 kcal, 每周体重减少不超过 1.5 kg.

据调查, 若干食物每百克所含热量及各项运动每小时每千克体重消耗热量见表 4.25 和表 4.26.

表 4.25 食物每百克所含热量

食物	米饭	豆腐	青菜	苹果	瘦肉	鸡蛋
热量消耗 kcal/100 g	120	100	$20 \sim 30$	$50 \sim 60$	$140 \sim 160$	150

表 4.26　运动每小时每千克体重消耗热量

运动	步行 4 km/h	跑步	跳舞	乒乓	自行车 (中速)	游泳 50 m/min
热量消耗 kcal/(h·kg)	3.1	7.0	3.0	4.4	2.5	7.9

记第 k 周体重为 $w(k)$ kg, 吸收热量为 $c(k)$ kcal. 设热量转换系数为 α, 身体代谢消耗热量系数为 β, 根据模型假设, 正常情况下 (不考虑运动), 体重变化的基本方程为

$$w(k+1) = w(k) + \alpha c(k) - \beta w(k), \quad k = 1, 2, \cdots.$$

由假设 (1), $\alpha = \dfrac{1}{8000}$, 当确定了每个人的代谢消耗系数 β 后, 即可按照上式由每周吸收热量 $c(k)$ 推导体重 $w(k)$ 的变化. 增加运动时, 只需将 β 调整为 $\beta + \beta_1$, β_1 由运动形式和时间确定.

某人身高 1.7 m, 体重 100 kg, BMI 高达 34.6. 自述每周吸收 20000 kcal 热量, 体重长期保持不变. 为其制定减肥计划, 使其体重减至 75 kg, 并维持下去.

在正常代谢情况下, 安排一个两阶段计划: 第一阶段吸收热量由 20000 kcal 每周减少 1000 kcal, 直到达到安全下限 (每周 10000 kcal); 第二阶段每周吸收热量保持下限, 直至达到减肥目标. 为加快进程而增加运动, 重新安排两阶段计划, 给出达到目标后维持体重不变的方案.

首先确定某人的代谢消耗系数 β. 根据每周系数 $c = 20000$ kcal 热量, 体重 100kg 不变, 在之前模型中令 $w(k+1) = w(k) = w, c(k) = c$, 得 $\beta = \dfrac{\alpha c}{w} = 0.025$.

第一阶段, 要求吸收热量由 20000 kcal 每周减少 1000 kcal(由表 4.25, 如每周减少米饭和瘦肉各 350 g), 达到下限 $c_{\min} = 10000$ kcal, 即 $c(k) = 20000 - 1000\,k$. 由此得到

$$w(k+1) = (1-\beta)w(k) + \alpha(20000-1000k) = 0.975w(k) + 2.5 - 0.125k, \quad k = 1, 2, \cdots, 10.$$

根据上式编程, 以 $w(1) = 100$ 为初值, 得第 11 周体重 $w(11) = 93.6157$ kg.

第二阶段, 要求每周吸收热量保持下限 $c_{\min}$, 得

$$w(k+1) = (1-\beta)w(k) + \alpha c_{\min} = 0.975w(k) + 1.25, \quad k = 11, 12, \cdots.$$

以第一阶段终值 $w(11)$ 为第二阶段初值, 编程计算直至 $w(11+n) \leqslant 75$ kg 为止, 可得 $w(11+22) = 74.9888$ kg, 即每周吸收热量保持下限 10000 kcal, 再有 22 周体重可减至 75 kg. 两阶段共需 32 周.

为加快进程而增加运动, 记表 4.25 中热量消耗为 γ, 每周运动时间为 th, 在原模型中将 β 修改为 $\beta + \alpha\gamma t$, 即得到模型

$$w(k+1) = w(k) + \alpha c(k) - (\beta + \alpha\gamma t)w(k).$$

试取 $\alpha\gamma t = 0.005$, 得到

$$w(k+1) = 0.97w(k) + 2.5 - 0.125k \quad (k = 1, 2, \cdots, 10);$$

$$w(k+1) = 0.97w(k) + 1.25 \quad (k = 11, 12, \cdots).$$

类似可得 $w(11) = 89.331\,\text{kg}, w(11+12) = 74.7388\,\text{kg}$, 即若增加 $\alpha\gamma t = 0.005$ 的运动, 就可将第二阶段缩短为 12 周. 由 $\alpha = \dfrac{1}{8000}$ 计算 $\gamma t = 40$. 可从表 4.25 中选择合适的运动形式和时间, 如每周步行 7 h 和打乒乓球 4 h.

达到目标后维持体重不变, 最简单是寻求每周吸收热量保持某一个常值 c 使体重 $w = 75\,\text{kg}$, 即 $w(k+1) = w(k) = w = 75, c(k) = c$, 由此

$$w = w + \alpha c - (\beta + \alpha\gamma t)w.$$

计算 $c = \dfrac{(\beta + \alpha\gamma t)w}{\alpha}$. 在正常代谢下 $(\gamma = 0), c = 15000\,\text{kcal}$; 若增加 $\gamma t = 40$ 运动, 则 $c = 18000\,\text{kcal}$.

4.9 排 队 论

排队论也称随机服务系统, 它应用于一切服务系统, 包括生成概率系统、通信系统、交通系统、计算机存储系统等, 应对随机发生的需求提供服务的系统预测, 如排队买票、病人排队就诊、轮船进港、高速路上汽车排队通过收费站、机器等待维修等, 都属于排队论问题.

4.9.1 基本构成与指标

排队论的基本构成包括输入过程、排队规则、服务机构.

输入过程是描述顾客按照怎样的规律到达排队系统, 包括顾客总体 (顾客来源有限或者无限)、到达类型 (顾客是单个到达还是成批到达)、到达的时间间隔 (通常假定相互独立分布, 有等时间到达, 有服从负指数分布, 有服从 k 阶 Erlang 分布).

排队规则指顾客按怎样的规则接受服务, 常见的有等待制、损失制、混合制、闭合制等. 等待制是指顾客达到时所有服务台都不空闲, 顾客等待直至接受服务后离开. 等待制可采用先到先服务 (如排队购票)、后到先服务 (如预约服务)、优先服务 (如危重病人). 损失制是指顾客达到时所有服务台都不空闲, 顾客不等待直接离开. 顾客排队等待的人数是有限长的, 称为混合制. 顾客对象和服务对象相同且固定是闭合制, 如某工厂维修工人固定维修本部门机器.

服务机构主要包括服务台的数量、服务时间服从的分布. 常见的分布有定长分布、负指数分布、几何分布等.

4.9.2　排队系统数量指标与符号说明

队长 (L_s) 和等待队长 (L_q). 队长是指系统中平均顾客数 (包括正在接受服务顾客). 等待队长指系统中处于等待顾客的数量.

等待时间包括平均逗留时间 (W_s) 和平均等待时间 (W_q). 平均逗留时间是指顾客进入系统等待到接受服务后离开系统这段时间, 平均等待时间是指顾客进入系统到接受服务这段时间.

从顾客到达空闲系统服务立即开始到系统再次变为空闲这段时间为系统连续繁忙时期, 也称为忙期, 它反映了系统的工作强度, 是衡量服务系统利用效率的指标, 即

$$服务强度 = 忙期/服务总时间 = 1 - 闲期/服务总时间.$$

闲期对应系统的空闲时间, 即系统连续保持空闲的时间长度. 计算这些指标的基础是表达系统状态的概率. 所谓系统状态是指系统中的顾客数 n, 它可能的数值是: 队长没有限制时, $n = 0, 1, 2, \cdots$;　队长有限制时, 最大数为 N, 则 $n = 0, 1, 2, \cdots, N$; 即时制, 服务台个数为 C, 则 $n = 0, 1, \cdots, C$, 该状态表示正在工作的服务台数.

排队论中记号一般形式是 $A/B/C/n$, 其中 A 表示输入过程, B 表示服务时间, C 表示服务台数量, n 表示系统容量.

(1) $M/M/S/\infty$ 表示输入过程是 Poisson 流、服务时间服务负指数分布、系统有 S 个服务台平行服务、系统的容量为无穷大的等待排队系统.

(2) $M/G/S/\infty$ 表示输入过程是 Poisson 流、服务时间服务一般概率分布、系统有 S 个服务台平行服务、系统的容量为无穷大的等待排队系统.

(3) $D/M/S/K$ 表示顾客相继到达时间间隔独立、服从定长分布、服务时间服从负指数分布、系统有 S 个服务台平行服务、系统容量为 K 个的混合制服务系统.

(4) $M/M/S/S$ 表示输入过程是 Poisson 流、服务时间服从负指数分布、系统有 S 个服务台平行服务、顾客到达后不等待的损失制系统.

(5) $M/M/S/K/K$ 表示输入过程是 Poisson 流、服务时间服从负指数分布、系统有 S 个服务台平行服务、系统容量和顾客容量都为 K 的闭合制系统.

4.9.3　等待制模型 $M/M/S/\infty$

等待制模型中顾客到达规律服从参数为 λ 的 Poisson 分布, 在 $[0, t]$ 时间内到达顾客数 $X(t)$ 服从分布

$$P(X(t) = k) = \frac{(\lambda t)^k \mathrm{e}^{-\lambda t}}{k!},$$

其单位时间内到达顾客平均数为 λ, $[0, t]$ 到达顾客平均数为 λt. 顾客接受服务时间服从负指数分布, 单位时间服务顾客平均数为 μ, 服务时间分布为 $f(t) = \mu \mathrm{e}^{-\mu t}$ $(t >$

0). 每个顾客接受服务平均时间为 μ^{-1}. 下面就一个服务台 ($S = 1$) 和多个服务台 ($S > 1$) 分布予以讨论.

先看 $S = 1$ 情形. 稳定状态下系统有 n 个顾客的概率

$$p_n = (1 - \rho)\rho^n, \quad n = 0, 1, 2, \cdots; \; \rho = \frac{\lambda}{\mu} \text{为系统服务强度},$$

则系统中没有顾客概率 $p_0 = 1 - \rho$, 系统中顾客平均队长和平均等待队长分别为

$$L_s = \sum_{n=0}^{\infty} np_n = \frac{\lambda}{\mu - \lambda}, \quad L_q = \sum_{n=1}^{\infty}(n-1)p_n = \frac{\lambda^2}{\mu(\mu - \lambda)}.$$

系统中顾客平均逗留时间和平均等待时间分别为

$$W_s = \frac{1}{\mu - \lambda}, \quad W_q = \frac{1}{\mu - \lambda} - \frac{1}{\mu} = \frac{\lambda}{\mu(\mu - \lambda)}.$$

由以上公式, 可以得到

$$L_s = \lambda W_s, \quad L_q = \lambda W_q.$$

上述公式称为 Little 公式 (在其他排队论模型中依然有用).

下面考虑多服务台情形. 此时服务能力为 $S\mu$, 服务强度为 $\rho = \dfrac{\lambda}{S\mu}$. 系统中顾客平均队长为

$$L_s = S\rho + \frac{(S\rho)^s \rho}{S!(1 - \rho)^2}p_0, \quad p_0 = \left(\sum_{k=0}^{S-1} \frac{(S\rho)^k}{k!} + \frac{(S\rho)^s}{S!(1 - \rho)}\right)^{-1},$$

p_0 为所有服务台都空闲的概率. 系统中顾客逗留时间为 $W_s = \dfrac{L_s}{\lambda}$, 平均等待时间为 $W_q = W_s - \dfrac{1}{\mu}$, 平均等待队长为 $L_q = \lambda W_q$.

例 4.20 某机关接待室只有 1 名对外接待人员, 每天工作 10 h, 来访人员和接待时间都是随机的. 设来访人员按照 Poisson 流到达, 到达速率为 $\lambda = 8$ 人/h, 接待人员服务速率 $\mu = 9$ 人/h, 接待时间服从负指数分布.

(1) 计算来访人员平均等待时间、等候的平均人数;

(2) 若到达速率增大为 $\lambda = 20$, 每个接待速率不变, 为使来访人员平均等待时间不超过半小时, 最少应配备几名接待人员.

解 (1) 属于 $M/M/1/\infty$ 模型, $S = 1, \lambda = 8, \mu = 9$, 计算得 $W_q = 0.89$ h (约 53min), $L_q = 7.1$ 人.

(2) 属于 $M/M/S/\infty$ 模型, 求最小的 S, 使 $W_q \leqslant 0.5$. 建立模型

$\min S$

$$
\text{s.t.} \begin{cases}
P_w = P(A, S), \text{到达负荷为} A \text{ 服务系统有} S \text{个服务台时 Erlang 繁忙概率}, \\
A = \dfrac{\lambda}{\mu}, \\
T = \dfrac{1}{\mu}, \\
W_q = \dfrac{P_w T}{S - A}, \\
L_q = \lambda W_q, \\
W_q \leqslant 0.5, \\
S \in N.
\end{cases}
$$

代入数据计算得到 $S = 3$ 人满足要求, 此时来访人员等待概率为 0.55, 排队等待平均时间为 4.7 分钟, 队长平均长度为 1.58 人.

损失制模型 $M/M/S/S$、混合制模型 $M/M/S/K$ 和闭合制模型 $M/M/S/K/K$ 请读者参阅相关参考书.

4.10　时间序列预测法

不论是经济领域中某一产品的年产量、月销售量、月库存量, 还是某一商品在某一市场上的价格变动, 或是社会领域中某一地区的人口数、某医院每天就诊量、铁路客流量等, 抑或是自然领域中某一地区的温度、月降水量等, 都形成了时间序列. 所有这些序列的基本特点就是每个序列包含了产生该序列的历史行为全部信息, 序列数据随时间变化波动, 数据离散分布, 较难用一般的线性关系表示. 如何根据这些时间序列特点, 比较精确地找出相应系统的内在统计特征和发展规律, 尽可能多地从中提取所需要的准确信息.

时间序列预测方法是将预测目标的历史数据按照时间的顺序排列成为时间序列, 然后分析它随时间的变化趋势, 并建立数学模型进行外推的定量预测方法.

4.10.1　移动平均法

移动平均法是常用的预测方法, 由于其简单而具有很好的实用价值.

1. 一次移动平均法

一次移动平均法是在算术平均法的基础上加以改进得到的, 其基本思想是, 每次取一定数量周期数据平均, 按时间顺序逐次推进. 每推进一个周期, 舍去前一个

周期的数据, 增加一个新周期, 再进行平均. 设 X_t 为 t 周期的实际值, 一次移动平均值

$$M_t^{(1)}(N) = \frac{X_t + X_{t-1} + \cdots + X_{t-N+1}}{N} = \sum_{i=0}^{N-1} \frac{X_{t-i}}{N},$$

其中 N 为计算移动平均值所选定的数据个数, $t+1$ 期的预测值为 $\bar{X}_{t+1} = M_t^{(1)}$.

如果将 $\bar{X}_{t+1}$ 作为 $t+1$ 期的实际值, 那么就可以用 $\bar{X}_{t+1} = M_t^{(1)}$ 计算第 $t+2$ 期预测值 $\bar{X}_{t+2}$. 一般地, 也可相应地求得以后各期的预测值. 但由于越远时期的预测, 误差越大, 因此一次移动平均法一般仅应用于一个时期后的预测值 (即预测第 $t+1$ 期).

例 4.21 汽车配件销售某年 $1 \sim 12$ 月份的化油器销售量 (单位: 只) 统计数据见表 4.27 中第 2 行, 试用一次移动平均法预测下一年 1 月的销售量.

表 4.27 化油器销售量及一次移动平均法预测值表

月份	1	2	3	4	5	6	7	8	9	10	11	12	预测
X_i	423	358	434	445	527	429	426	502	480	384	427	446	
$N=3$				405	412	469	467	461	452	469	456	430	419
$N=5$						437	439	452	466	473	444	444	452

解 分别取 $N=3, N=5$, 按预测公式

$$\bar{X}_{t+1}(N=3) = M_t^{(1)}(3) = \frac{X_t + X_{t-1} + X_{t-2}}{3},$$

$$\bar{X}_{t+1}(N=5) = M_t^{(1)}(5) = \frac{X_t + X_{t-1} + X_{t-2} + X_{t-3} + X_{t-4}}{5}$$

计算 3 个月和 5 个月移动平均预测值, 分别见表 4.27 第 3 行和第 4 行.

通过表 4.27 可以看到, 实际数据波动较大, 经移动平均后, 随机波动明显减少, 且 N 越大, 波动也越小. 同时, 也可以看到, 一次移动平均法得到模拟数据误差还是有些大, 对于实际数据波动较大的序列, 一般较少采用此法进行预测.

2. 二次移动平均法

当预测变量的基本趋势发生变化时, 一次移动平均法不能迅速适应这种变化. 当时间序列的变化为线性趋势时, 一次移动平均法的滞后偏差使预测值偏低, 不能进行合理的趋势外推.

时间序列 $X_1, X_2, \cdots, X_t$ 的一次移动平均值为

$$M_t^{(1)} = \frac{X_t + X_{t-1} + \cdots + X_{t-N+1}}{N},$$

二次移动平均值为

$$M_t^{(2)} = \frac{M_t^{(1)} + M_{t-1}^{(1)} + \cdots + M_{t-N+1}^{(1)}}{N}.$$

下面给出如何利用移动平均的滞后偏差建立直线趋势预测模型. 设时间序列 $\{X_t\}$ 从某时期开始具有直线趋势, 且认为未来时期也按此直线趋势变化, 则可设此直线趋势预测模型为

$$\bar{X}_{t+T} = a_t + b_t T,$$

其中 t 为当前的时期数, T 为由 t 至预测期的时期数, $T = 1, 2, \cdots$; a_t, b_t 为平滑系数, 它们由移动平均值来确定

$$a_t = M_t^{(1)} + (M_t^{(1)} - M_t^{(2)}) = 2M_t^{(1)} - M_t^{(2)}, \quad b_t = \frac{2(M_t^{(1)} - M_t^{(2)})}{N-1}.$$

二次移动平均法不仅能处理预测变量的模式呈水平趋势的情形, 同时还可以应用到长期趋势 (线性增长趋势) 或季节变动模式, 这是它相对于一次移动平均法的优势所在. 当然, 它无法处理非线性增长趋势的预测问题.

4.10.2　指数平滑法

移动平均法简单易行, 但存在明显不足. 一是每计算一次移动平均值, 需要存储最近 N 个观测数据, 二是对最近 N 个观测值等权看待, 对 $t - N$ 期以前的数据则完全不考虑. 指数平滑法通过某种平均方式, 消除历史统计序列中的随机波动, 找出其中的主要发展趋势. 根据平滑次数的不同, 有一次指数平滑、二次指数平滑和高次指数平滑, 但高次指数平滑较少使用. 指数平滑最适合用于进行简单的时间序列分析和中、短期预测.

1. 一次指数平滑预测法

一次指数平滑预测法是以 $\alpha(1-\alpha)^i$ $(\alpha \in (0,1); i = 0, 1, 2, \cdots)$ 为权数对时间序列 $\{y_t\}$ 进行加权平均的一种预测方法. y_t, y_{t-1}, y_{t-2} 的权分别为 $\alpha, \alpha(1-\alpha), \alpha(1-\alpha)^2$, 依次类推, 其计算公式为

$$\bar{y}_{t+1} = S_t^{(1)} = \alpha y_t + (1-\alpha)S_{t-1}^{(1)},$$

其中 y_t 表示第 t 期实际值, $\bar{y}_{t+1}$ 表示第 $t+1$ 期预测值, $S_t^{(1)}, S_{t-1}^{(1)}$ 分别表示第 t 期, $t-1$ 期一次指数平滑值.

各时点平滑预测值 y 与实际值 x 的误差为 $e_t = x_t - y_t$, 预测标准误差为

$$S = \sqrt{\frac{\sum\limits_{t=1}^{n-1}(y_{t+1} - \bar{y}_{t+1})^2}{n-1}}.$$

式中, n 为时间序列所含原始数据个数.

以某产品价格 (表 4.8) 为例, MATLAB 程序如下:

```
clc,clear
load('yx.mat')  % 原始数据以列向量的方式存放
yt=yx; n=length(yt);
alpha=[0.1 0.3 0.9];
m=length(alpha);
yhat(1,1:m)=(yt(1)+yt(2))/2;
for i=2:n
  yhat(i,:)=alpha*yt(i-1)+(1-alpha)*yhat(i-1,:);
end
yhat;  % 预测值
err=sqrt(mean((repmat(yt,1,m)-yhat)^2));  % 预测误差和
yhat114=alpha*yhat(n)+(1-alpha)*yhat(n,:)  % 预测下一时刻值
```

分别取不同平滑系数 α, 得到表 4.28 的结果. 从表 4.28 中, 易得到

$$S_{\alpha=0.1} = 0.548, \quad S_{\alpha=0.3} = 0.407, \quad S_{\alpha=0.9} = 0.235.$$

$\alpha = 0.1$ 和 $\alpha = 0.3$ 的误差比 $\alpha = 0.9$ 的误差大, 所以在此选择 $\alpha = 0.9$ 进行预测, 得到 11.4 某产品价格预测值为 5.9246. 然而, 对于预测多个数据, 一次指数平滑预测法误差较大.

表 4.28 一次指数平滑 ($S_0^{(1)} = y_1 = 4.81$)

日期	时期 t	价格	预测 1	误差	预测 2	误差	预测 3	误差
10−3	1	4.81	4.805	0	4.805	0	4.805	0
10−4	2	4.8	4.806	0.009	4.807	0.007	4.810	−0.009
10−5	3	4.73	4.805	0.078	4.805	0.075	4.801	−0.0709
10−6	4	4.7	4.797	0.100	4.782	0.082	4.737	−0.0371
10−7	5	4.7	4.788	0.090	4.758	0.0578	4.704	−0.0037
10−8	6	4.73	4.779	0.0512	4.740	0.0104	4.7	0.0296
10−9	7	4.75	4.774	0.0261	4.737	−0.0127	4.727	0.023
10−10	8	4.75	4.772	0.0235	4.741	−0.009	4.748	0.0023
10−11	9	5.43	4.769	−0.659	4.744	−0.686	4.750	0.680
10−12	10	5.78	4.836	−0.943	4.950	−0.830	5.362	0.418
11−1	11	5.85	4.93	−0.919	5.199	−0.651	5.738	0.112
11−2	12	5.88	5.022	−0.857	5.394	−0.486	5.839	0.041
11−3	13	5.93	5.108	−0.821	5.540	−0.390	5.876	0.054
11−4	14		5.190		5.6569		5.9246	

注: 预测 1($\alpha = 0.1$), 预测 2($\alpha = 0.3$), 预测 3($\alpha = 0.9$).

2. 二次指数平滑预测法

多次指数平滑预测法是对上一次指数平滑值再作指数平滑进行预测的一种方法, 但第 $t+1$ 期预测值并非第 t 期的多次指数平滑值, 而是采用下列计算公式进行预测

$$S_t^{(i)} = \alpha y_t + (1-\alpha)S_{t-1}^{(i)}, \quad S_t^{(i+1)} = \alpha S_t^{(i)} + (1-\alpha)S_{t-1}^{(i+1)}, \quad \bar{y}_{t+T} = a_t + b_t T,$$

其中

$$a_t = 2S_t^{(i)} - S_t^{(i+1)}, \quad b_t = \frac{\alpha}{1-\alpha}(S_t^{(i)} - S_t^{(i+1)}),$$

$S_t^{(i)}$ 表示第 t 期的 i 次指数平滑值, $S_t^{(i+1)}$ 表示第 t 期的 $i+1$ 次指数平滑值, y_t 表示第 t 期的实际值, $\bar{y}_{t+T}$ 表示第 $t+T$ 期预测值, α 为平滑指数. 预测的标准误差为

$$S = \sqrt{\frac{\sum\limits_{t=1}^{n}(y_t - \bar{y}_t)^2}{n-2}}.$$

4.10.3　季节指数法

在产品的生产和销售活动中, 有些产品是季节性生产, 常年消费, 如小麦. 有些产品是常年生产, 季节性消费, 如空调. 有些产品是季节性生产季节性消费. 这些现象在一年内随着季节的转变而引起周期性变动, 这种变动具有以下特点:

(1) 统计数据呈现以月、季为周期的循环变动;

(2) 这种周期性的循环变动并不是简单的循环重复, 而是从多个周期的长时间变化中又呈现出一种变化发展趋势.

季节指数法 (也称季节性变动预测法) 是指经济变量在一年内以季 (月) 的循环为周期特征, 通过计算销售量 (需求量) 的季节指数达到预测目的的一种方法.

季节指数预测首先要分析判断时间序列观测期内数据是否呈季节性波动. 通常, 可将 3~5 年的资料按月或按季展开, 绘制历史曲线图, 以观测其在一年内有无周期性波动来作出判断. 然后再将各种因素结合起来考虑, 即考虑它是否还受长期趋势变动的影响, 是否还受随机变动的影响.

例 4.22　某商店按季节统计的 3 年 12 个季度冰箱的销售资料 (单位: 万元), 数据见表 4.29.

可以看出, 该商店冰箱销售额一方面呈现出周期性, 在 1 年的第 1、4 季度销售额较少, 而第 2、3 季度较多; 另一方面, 从 3 年时间看, 销售额呈现每年都有增长、周期 (季) 基本都有增长趋势. 这种变动是具有长期趋势的季节性变动.

表 4.29 某商店 12 个季度冰箱销售资料

	季度一	季度二	季度三	季度四	合计	季平均
2001	265(1)	373(2)	333(3)	266(4)	1237	309.25
2002	251(5)	379(6)	374(7)	309(8)	1304	326
2003	272(9)	437(10)	396(11)	348(12)	1453	363.25
季合计	788	1180	1103	923	3994	
同季平均	262.67	393.33	367.67	307.67		332.83
季节指数	0.8494	1.1818	1.1047	0.9244	4.0603	
调整后季节指数	0.8368	1.1642	1.0883	0.9107	4.00	
趋势值同季平均	322.71	329.46	336.21	342.96		332.83
季节指数	0.814	1.1939	1.0936	0.8971	3.9986	
调整后季节指数	0.8143	1.1943	1.0940	0.8974	4.00	

1. 不考虑长期趋势的季节指数法

已知资料见表 4.29, 且知道 2004 年第二季度销售额为 420 万元, 试预测第三季度和第四季度销售额.

(1) 计算历年同季 (月) 的平均数. 假设历年同季平均数为 r_i $(i=1,2,3,4)$. 3 年 $(n=3)$ 共有 12 个季度, 其时间序列表示为 $y_1, y_2, \cdots$, 那么

$$\begin{cases} r_1 = \dfrac{1}{n}(y_1 + y_5 + \cdots + y_{4n-3}), \\ \cdots\cdots \\ r_4 = \dfrac{1}{n}(y_4 + y_8 + \cdots + y_{4n}). \end{cases}$$

对本例,

$$r_1 = 262.67, \quad r_2 = 393.33, \quad r_3 = 367.67, \quad r_4 = 307.67.$$

(2) 计算各年的季节平均值. 假设以 $\bar{y}_t$ 表示第 t 年的季 (月) 平均值, $t = 1, 2, \cdots, n$, 那么各年季 (月) 平均值的计算公式为

$$\begin{cases} \bar{y}_1 = \dfrac{1}{4}(y_1 + y_2 + y_3 + y_4), \\ \bar{y}_2 = \dfrac{1}{4}(y_5 + y_6 + y_7 + y_8), \\ \cdots\cdots \\ \bar{y}_n = \dfrac{1}{4}(y_{4n-3} + y_{4n-2} + y_{4n-1} + y_{4n}). \end{cases}$$

对本例,

$$\bar{y}_1 = 309.25, \quad \bar{y}_2 = 326, \quad \bar{y}_3 = 363.25.$$

(3) 计算各季 (月) 的季节指数 α_i. 以历年同季 (月) 的平均数 r_i 与全时期的季 (月) 平均数 $\bar{y}$ 之比进行计算. 由 $\bar{y} = \dfrac{1}{4n}\sum\limits_{i=1}^{4n} y_i$, 则本例中各季指数为

$$\alpha_1 = \frac{r_1}{\bar{y}} = 0.8494, \quad \alpha_2 = 1.1818, \quad \alpha_3 = 1.1047, \quad \alpha_4 = 0.9244.$$

(4) 调整各季 (月) 的季节指数. 理论上讲, 各季节指数之和应为 4, 但由于在实际过程中, 计算存在误差, 使各季的季节指数之和不等于 4, 故应予以调整. 调整后的季节指数 $F_i = \alpha_i k$, 系数 k 等于理论季节指数之和 4 与实际季节指数之和 $\sum\limits_{i}\alpha_i$ 之比.

本例调整后的季节指数分别为 $0.8368, 1.1642, 1.0883, 0.9107$.

(5) 利用季节指数法进行预测. 假设 $\hat{y}_t$ 为第 t 月份的预测值, α'_t 为第 t 月份的季节指数, y_i 为第 i 月份的实际值, α_i 为第 i 月份的季节指数, 则

$$\hat{y}_t = y_i \frac{\alpha'_t}{\alpha_i}.$$

本例中,

$$\hat{y}_{2004.3} = 420 \times \frac{1.0883}{1.1642} = 392.6, \quad \hat{y}_{2004.4} = 328.5.$$

对于本例, 由于时间序列有着明显的线性增长趋势, 因此采用不考虑长期趋势的季节指数法计算并不太好, 此法一般适用于长期趋势不明显的数据序列.

2. 考虑长期趋势的季节指数法

长期趋势的季节指数法是指在时间序列观测值资料既有季节周期变化, 又有长期趋势变化的情况下, 首先建立趋势预测模型, 再在此基础上求得季节指数, 最后建立数学模型进行预测. 下面以例 4.22 介绍其具体方法及过程.

(1) 计算各年同季度 (月) 平均数.

(2) 计算各年的季度 (月) 平均数.

(3) 建立趋势预测模型, 求趋势值.

根据各年的季度 (月) 平均数时间序列, 若呈现长期趋势, 如线性趋势, 则建立线性趋势预测模型 $\hat{y}_t = \hat{a} + \hat{b}t, \hat{a}, \hat{b}$ 可由前面的具体方法求出. 根据趋势直线方程求出历史上各季度 (月) 的趋势值.

由表 4.30, 得 $\hat{a} = 332.83, \hat{b} = 27$, 线性趋势方程 $\hat{y} = 332.83 + 27t$(以年为单位).

由于方程中的 "27" 是平均年增长量, 若将方程转换为 t 以季为单位, 每季的平均增量为 $\hat{b}_0 = \hat{b}/4 = 6.75$, 从而得到半个季度的增量为 3.375.

当 $t = 0$ 时, $\hat{y}_t = 332.83$ 表示的趋势值应为 2002 年第二季度后半季与第三季度前半季的季度趋势值, 这是跨了 "两个季度之半" 而形成的非标准季度, 所以, 在

确定"标准季度"(如 2002 年第二季度) 趋势值时, 应从 332.83 中减去半个季度的增量, 即 2002 年第二季度的趋势值应为 $332.83 - 3.375 = 329.455$. 同理, 2002 年第三季度的趋势值为 $332.83 + 3.375 = 336.205$.

表 4.30 考虑长期趋势的季节指数法

年份	年次	季平均数 y_t	ty_t	t^2
2001	-1	309.25	-309.25	1
2002	0	326	0	0
2003	1	363.95	363.25	1
合计	0	999.20	54.00	2

为了便于计算各季的趋势值, 可将时间原点移出 2002 年第三季度, 即以 $\hat{y}_t = 336.205$ 为基准, 逐季递增或递减一个季增量 6.75, 这时线性趋势方程变为 $\hat{y}_t = 336.205 + 6.75t$(以季为单位), 其中 t 依次取值 $-6, -5, -4, \cdots, 0, 1, \cdots, 4, 5$, 可计算出 3 年内各季的趋势值;

(4) 计算趋势值后, 再计算出各年趋势值的同季平均.

(5) 计算季节指数, 即同季平均数与趋势值同季平均数之比.

(6) 对季节指数进行修正 (同前).

(7) 求预测值. 预测的基本依据是预测期的趋势值乘以该期的季节指数, 即预测模型为

$$\hat{y}_t' = \hat{y}_t k = (336.205 + 6.75t)k.$$

本例中

$$\hat{y}_{2004.3}' = (336.205 + 6.75 \times 4) \times 1.094 = 397.34,$$

$$\hat{y}_{2004.4}' = (336.205 + 6.75 \times 5) \times 0.8974 = 331.99.$$

当然, 对应趋势值的预测, 也可以用移动平均法, 具体采用何种方法, 要根据历史数据的变化趋势进行选择.

习 题 4

1. 高速公路一般限速 120 km/h、车间距规定不少于 200 m, 请通过速度每增加或减少 1 km/h, 对刹车距离造成的影响, 并向交通参与者写一篇公告.

2. 一年生植物从春季发芽、开花、结果到秋季产种, 没有腐烂、被人为损坏、当年冬天成活的那些种子有两种情况: 一是第二年发芽、开花、结果、成种; 二是第二年仍存活, 第三年发芽、开花、结果、成种. 一年生植物只能活一年, 但种子最多可以活两个冬天. 一颗植物秋季产种的平均数为 c, 种子能够活过一个冬天的比

例为 b, 一岁种子能在春季发芽的比例为 a_1, 未能发芽但又能活过一个冬天的比例仍为 b, 两岁种子能在春季发芽的比例为 a_2. 设 $c = 10, a_1 = 0.5, a_2 = 0.25, b = 0.18$, 今年种下并成活的植物数量有 100 株. 建立差分方程模型研究这种植物数量变化规律. 若 $b = 0.20$, 问变化规律有什么改变? 研究植物能够一直繁殖的条件.

3. 几乎每个人都有生病、打针、吃药的经历, 医生开的药方或者药品说明书上标明用药方法: 每次几片或多少毫升, 每天几次或几小时一次. 前者称药物剂量, 后者称给药间隔, 整合起来就是给药方案. 在一种新药用于临床之前, 应该设计出基本的给药方案. 诊病时医生在根据病人的具体情况, 从提高药物疗效、降低药物副作用出发, 给出有针对性的服药方法. 有经验的医生可以通过增减药量观察病人的反应, 开出合适的药方, 但带有较大的局限性和不确定性. 随着医药领域科学化、定量化的发展, 可以通过测定病人血液中的药物浓度, 运用动力学原理建立数学模型, 并根据实验测定的动力学参数制定最佳给药方案, 实现药方方案个性化.

4. 为治理湖水的污染, 引入一条较清洁的河水, 河水与湖水混合后又以同样的流量由另一条河排出. 设湖水容积为 V, 河水单位流量为 Q, 河水的污染浓度为常数 c_h, 湖水的初始污染浓度为 c_0:

(1) 建立湖水污染浓度 c 随时间 t 变化的微分方程, 并求解;

(2) 若测量出引入河水后 10 天湖水的污染浓度为 $0.9 \mathrm{g/m}^3$, 40 天湖水的污染浓度为 $0.5 \mathrm{g/m}^3$, 且河水的污染浓度 $c_h = 0.1 \mathrm{g/m}^3$, 问引入河水后多少天, 湖水的污染浓度可以降到标准值 $0.2 \mathrm{g/m}^3$?

(3) 若由于蒸发等原因湖水容积每天减少 b, 湖水污染浓度如何变化?

5. "考试时你是否有过作弊行为?"如果在学生中进行这样的调查, 即使无记名, 恐怕也很难消除被调查者的顾虑, 极有可能拒绝应答或故意给出错误回答, 使得调查结果存在很大的偏差. 社会调查中类似于考试作弊的所谓敏感问题有不少, 例如, 是否有过替别人代课、代学、代考、网恋、网贷等. 如何通过巧妙的调查方案设计, 尽可能地获取被调查者的真实回答, 得到比较可靠的统计结果, 是社会调查工作的难题之一. 请以学生考试作弊行为的调查和估计为例, 讨论这类敏感问题的调查方法及数学模型.

6. 不买贵的只买对的. 作为一个就餐者 (消费者), 在众多美味的菜品或市场里, 如何选择若干更适合自己的菜品 (商品)? 买哪些是"对的"?

(1) "消费者追求最大效用"是经济学最优化原理中的一条, 请根据这条原理, 用数学建模的方法帮助我们决定在食堂 (市场) 里的选择.

(2) 请自行选择影响菜品质量的指标要素, 利用层次分析法确定这些指标要素的权重.

(3) 请自行收集多种类菜品的相关数据, 利用聚类方法对菜品质量进行分类、评价.

7. 金融危机使航空公司的乘客数减少, 航空公司为了保证盈利, 决定扩大业务员队伍到各类企业和事业单位去提供预订飞机票的服务. 飞机飞行的总费用主要有燃料费、飞行员、空姐和地勤的工资等, 收入则来自乘客支付的机票费. 航空公司当然希望飞机能够满座, 那么订票策略就显得至关重要. 假定航空公司向顾客提供的机票分成高价票和低价票两种, 持高价票的旅客允许迟到可以改签机票乘坐下一趟航班, 而持低价票的旅客不能改签, 只能作废. 当预订机票数超过座位数时, 继续订票称为超定, 可能导致一部分旅客由于满员而不能乘坐飞机. 此时, 航空公司就要付出一定的赔偿费. 假定飞机容量为 300 座, 旅客未到可能性为 0.05, 有 60% 的乘客上座率 (以低价票测算) 航空公司就不赔钱, 且超定的赔偿费定为票价的 20%, 提供 150 个座位给低价票且票价是高价票的 75 折. 试建立航空公司的利润模型, 并计算何时航空公司的期望理论最大.

8. 就业选择问题. 假如你现在就业, 请你就下面几个方面做出你的选择:

(1) 专长发挥: 能否学以致用, 即工作岗位适合发挥自己的专长;

(2) 工资待遇: 福利待遇如何;

(3) 发展前途: 自己或单位未来发展前景如何;

(4) 单位声誉: 工作单位在社会的影响力;

(5) 工作环境: 工作条件、人际关系等;

(6) 生活环境: 所处城市位置、气候, 单位生活条件等.

9. 有三个不同的产品要在三台机床上加工, 每个产品必须首先在机床 1 上加工, 然后依次在机床 2、机床 3 上加工. 在每台机床上加工三个产品的顺序应保持一样, 假定用 t_{ij} 表示在第 j 机床上加工第 i 个产品的时间, 如何安排使三个产品总的加工周期为最短?

10. 超市收款服务问题. 超市有 $2n$ 个收银台, 在收银台处的服务有两项, 一是收款, 二是将顾客所购得商品装入袋内. 假设超市有 $2n$ 名职工从事收银台处的服务工作. 下面是两种安排方案, 超市经理会选择哪种服务方案?

(1) 只启用 n 个收银台, 每个收银台处一人收款, 一人装袋;

(2) 启用 $2n$ 个服务台, 每人既收款又装袋.

11. 根据自己体重指数和当地膳食结构, 建立减肥 (增重) 数学模型, 制定减肥或增重计划.

第5章 智 能 算 法

20 世纪 80 年代, 产生了一些智能优化算法, 如遗传算法、模拟退火算法、人工神经网络算法等, 利用这些算法可以比较容易解决一些常规算法难以解决的复杂问题. 这里不详细讨论这些算法的理论, 仅介绍算法的具体应用和 MATLAB 求解.

5.1 遗 传 算 法

遗传算法 (Genetic Algorithm, GA) 是一种基于自然群体演化机制的高效探索算法, 它摒弃传统的搜索方式, 模拟自然界生物进化过程, 采用人工进化的方式, 对目标空间进行随机搜索, 将问题域中的可能解视为群体中的个体或染色体, 并把每个个体编码成符号串形式, 模拟达尔文的遗传选择和自然淘汰的生物进化过程, 对群体反复进行基于遗传学的操作 (遗传、交叉和变异), 根据预定的目标适应度函数, 对每个个体进行评价, 依据适者生存、优胜劣汰的进化规则, 不断得到更优的群体, 同时以全局并行搜索方式来搜索优化群体中的最优个体, 求得最优解.

5.1.1 算法概述

下面通过例子了解遗传算法的基本原理. 求函数 $f(x) = x^2$ 的极大值, 其中 x 介于 $[0, 31]$. 将每一个数看作一个生命体, 通过进化, 看谁能最后生存下来, 谁就是所求的数.

1. 编码

将每一个数作为一个生命体, 就必须为其赋予一定的基因, 这个过程即为编码. 一般将变量 x 编码为二进制无符号整数表示形式或十进制编码, 如 $x = 13$ 的 5 位编码为 01101, 也就是 13 的基因为 01101.

(1) 二进制编码. 传统的方法是不断调整自变量 x 的值, 直到获得函数最大值. 遗传算法则不对参数本身进行调整, 而是先将参数进行编码, 形成位串, 再对位串进行进化操作. 例如, 可以由长度为 6 的位串表示变量 x, 即从 000000 到 111111, 并将中间的取值映射到实数区间 $[0, 31]$ 内. 由于从整数上看, 6 位长度的二进制编码位串可以表示 $0 \sim 63$, 所以对应区间 $[0, 31]$, 每个相邻值之间的阶跃值为 $31/64 \approx 0.4844$, 这个就是编码精度. 一般来说, 编码精度越高, 所得到的解的指令也越高, 意味着解更为优良.

(2) 实数编码. 基于二进制编码的个体尽管操作方便, 计算简单, 但难以解决好高维、连续优化问题. 同时, 二进制编码也不利于反映所求问题的特定知识, 对问题信息和知识利用不充分, 导致算法效率不高. 为解决这一问题, 在解决一些数值优化问题 (尤其高维、连续优化问题) 时, 经常采用实数编码方式. 其优点是计算精度高, 便于和经典连续优化算法结合, 适用于数值优化问题, 但其缺点是适用范围有限, 只能用于连续变量问题.

一般地, 若某问题自变量区间为 $[l, u]$, 求解精度为 10^{-n}, 则二进制编码位数 k 满足

$$2^{k-1} < (u - l) \times 10^n < 2^k,$$

即

$$\frac{\ln[(u - l) \times 10^n]}{\ln 2} < k < 1 + \frac{\ln[(u \quad l) \times 10^n]}{\ln 2}.$$

如区间 $[-1, 2]$, 精度为 10^{-6}, 则二进制编码至少需要 22 位.

解码: 设 $x' = \sum_{i=0}^{k-1} b_i \times 2^i$, 则 x' 对应区间 $[l, u]$ 的实数为 $x = l + x' \dfrac{u - l}{2^k - 1}$.

2. 初始群体的生成

由于遗传的需要, 应设定一些初始生物群体, 让其作为生物繁殖的第一代. 需要说明的是, 初始群体的每个个体都是通过随机方法产生的, 这样便可以保证生物的多样性和竞争的公平性.

3. 适应度评估检测

生物的进化服从适者生存、优胜劣汰的进化原则, 必须规定什么样的基因是 "优", 什么样的基因是 "劣", 这里称为适应度. 由于要求函数 $f(x) = x^2$ 的最大值, 因此能使 $f(x)$ 较大的基因为 "优", 使 $f(x)$ 较小的基因为 "劣". 由此, 可以将 $f(x) = x^2$ 定义为适应度函数, 用来衡量某一生物的适应程度.

4. 选择

优胜劣汰的过程在遗传算法里称为选择. 注意选择是一个随机过程, 基因差的生物体未必会被淘汰, 只是其被淘汰的概率比较大罢了, 这与自然界的规律是相同的.

5. 交叉操作

随机选择两个生物体, 让其交换一部分基因, 这样便形成了两个新的生物体, 称为第二代.

6. 变异

生物界中不但存在遗传, 同时存在着变异. 变异使生物体的基因中的某一位或几位以一定的概率发生变化, 这样引入适当的扰动, 能避免局部极值问题.

以上算法便是最简单的遗传算法, 通过以上步骤不断进化, 生物体的基因便逐渐趋向最优, 最终得到想要的结果.

5.1.2　算法流程及 MATLAB 工具箱

遗传算法是具有"生成 + 检测"的迭代过程的搜索算法, 它的基本流程如图 5.1 所示.

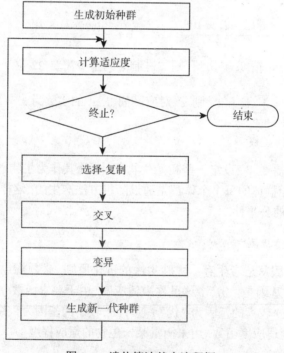

图 5.1　遗传算法基本流程框

从图 5.1 可以看出, 遗传算法是一种群体型操作, 该操作以群体中的所有个体为对象. 选择、交叉、变异是遗传算法的 3 个主要操作算子, 它们构成了所谓遗传操作, 使遗传算法具有了其他传统方法所没有的特性. 遗传算法包括了 5 个基本要素: ①参数编码; ②初始群体设定; ③适应度函数设计; ④遗传操作设计; ⑤控制参数设定 (主要是指群体大小和使用遗传操作的概率等). 这 5 个要素构成了遗传算法的核心内容.

为方便大家使用, MATLAB 已将遗传算法命令进行了封装, 开发了专门的遗

传算法工具箱 ——GA Toolbox. 工具箱核心函数包括函数 ga 和函数 gaoptimset.

函数 ga 的语法格式为 [x, fval, reason]=ga(@fitnessfun, nvars, options), 其中 x 为经遗传进化后自变量最佳染色体返回值, fval 为最佳染色体的适应度, reason 为算法停止原因, @fitnessfun 为适应度句柄函数, nvars 为目标函数自变量的个数, options 为算法属性设置, 该属性是通过函数 gaoptimset 赋予的.

函数 ga 实现的功能为对目标函数进行遗传运算.

函数 gaoptimset 的语法格式为

```
options=gaoptimset('PropertyName1','PropertyValue1',
        'PropertyName2','PropertyValue2', …).
```

函数 gaoptimset 实现的功能为设置遗传算法的参数和句柄函数, 表 5.1 列出函数常用的 11 种属性.

表 5.1　函数 gaoptimset 属性

属性名	默认值	实现功能
PopInitRange	[0, 1]	初始种群生成区间
PopulationSize	20	种群规模
CrossoverFraction	0.8	交叉概率
MigrationFraction	0.2	变异概率
Generations	100	超过进化代数时算法停止
TimeLimit	Inf	超过运算时间限制时算法停止
FitnessLimit	-Inf	最佳个体等于或小于适应度阈值时算法停止
StallGenLimit	50	超过连续代数不进化则算法停止
StallTimeLimit	20	超过连续时间不进化则算法停止
InitialPopulation	[ ]	初始化种群
PlotFcns	[ ]	绘图函数, 可供选择的有 @gaplotbestf, @gaplotbestindiv 等

由于遗传算法本质上是一种启发式的随机算法, 算法程序经常重复运行多次才能得到理想结果. 鉴于此, 可以将前一次运行得到的最好种群作为下一次运行的初始种群, 如此操作会得到更好的结果. 例如,

```
[x,fval,reason,output,final_pop]=ga(@fitnessfcn,nvars);
```

最后一个输出变量 final_pop 返回的就是本次运行得到的最后种群. 再将 final_pop 作为函数 ga 的初始种群, 语法格式为

```
options=gaoptimset('InitialPopulation',final_pop);
[x,fval,reason,output,final_pop2]=ga(@fitnessfcn,nvars,options);
```

实例 1　求目标函数最小值问题, 可直接令目标函数为适应度函数 (注意这里是求最小值), 编写适应度函数语法格式为

```
function f=fitnessfcn(x) % x 为自变量向量
f=f(x);
```

实例 2　如果有约束条件 (包括自变量的取值范围), 对于求解函数的最小值问题, 可以使用如下语法格式:

```
function f=fitnessfcn(x)
if(x <= -1)|x > 3)
    f=inf;
else
    f=f(x);
end
```

实例 3　如果有约束条件, 对于求解函数的最大值问题, 可以使用如下语法格式:

```
function f=fitnessfcn(x)
if(x<=-1|x > 3)
    f=inf;
else
    f=-f(x); % 注意这里是 f=-f(x), 而不是 f=f(x)
end
```

5.1.3　遗传算法的应用

例 5.1　利用 MATLAB 的优化工具箱 ga 求解器计算函数

$$f(x) = \left(0.01 + \sum_{i=1}^{5} \frac{1}{i + (x_i - 1)^2}\right)^{-1}, \quad -10 \leqslant x_i \leqslant 10, \quad i = 1, 2, \cdots, 5$$

的最小值.

解　建立适应度函数 fitfunction.m 文件:

```
function y=fitfunction(x)
for i=1:5
    y=1/(i+(x(i)-1)^2);
end
y=0.01+y;y=1/y;
```

输入 gatool 启动优化工具箱, 在适应度函数中输入 fitfunction; 变量个数输入 5, 边界输入 −10, 10, 其余参数默认, 单击 start 运行, 得到极小值 4.7619.

例 5.2　已知 31 个目标的经纬度见表 5.2, 某基地经纬度为 (106, 46). 假设飞机以 1000 km/h 的速度从基地出发, 勘查所有目标后返回基地, 在每一目标点的勘查时间不计, 求该飞机所用时间 (假设飞机巡航时间有保证).

解 这是一个旅行商问题. 基地编号为 1, 目标依次编号 $2, 3, \cdots, 32$, 最后基地再重复编号 33(这样便于程序计算). 距离矩阵 $D = (d_{ij})_{32 \times 32}$, 其中 d_{ij} 表示 i, j 两点的距离. 易知 D 为实对称矩阵. 于是问题化为从点 1 出发, 走遍所有中间点, 达到点 33 的最短路径.

题中给定了地理坐标, 需求两点间的实际距离. 设 A, B 点的地理坐标分别为 $(x_1, y_1), (x_2, y_2)$, 过 A, B 两点的大圆的劣弧长即为两点的实际距离. 以地心为坐标原点 O, 以赤道平面为 xOy 平面, 以零度经线圈所在的平面为 xOz 平面, 建立三维直角坐标系, 则 A, B 两点的直角坐标分别为

$$A(R\cos x_1 \cos y_1, R\sin x_1 \cos y_1, R\sin y_1), \quad B(R\cos x_2 \cos y_2, R\sin x_2 \cos y_2, \sin y_2),$$

表 5.2   31 个目标的经纬度

经度	纬度	经度	纬度	经度	纬度
116.395645	39.929986	117.282699	31.866942	106.55	29.5647
117.210813	39.14393	119.330221	26.047125	104.0648	30.57
114.522082	38.048958	115.893528	28.689578	106.709177	26.629907
112.550864	37.890277	117.024967	36.682785	102.714601	24.882
111.660351	40.828319	113.649644	34.75661	91.111891	29.662557
123.432791	41.808645	114.3162	30.581084	108.939	34.342
125.3222	43.816	112.979353	28.213478	103.82335	36.064226
126.657717	45.773225	113.30765	23.120049	101.767921	36.640739
121.4788	31.2303	108.297234	22.806493	106.206479	38.502621
118.778074	32.057236	110.330802	20.022071	87.564988	43.84038
120.219375	30.259244				

其中地球半径 $R = 6400$ km. A, B 两点间的距离为

$$d = R\arccos C, \quad C = \frac{\overrightarrow{OA} \cdot \overrightarrow{OB}}{|\overrightarrow{OA}||\overrightarrow{OB}|},$$

化简得

$$d = R\arccos(\cos(x_1 - x_2)\cos y_1 \cos y_2 + \sin y_1 \sin y_2).$$

1. 模型及算法

求解的遗传算法的参数设定如下: 种群大小 $M = 50$, 最大代数 $G = 1000$. 交叉率 $p_c = 1$, 交叉概率等于 1 能保证种群的充分优化. 变异率 $p_m = 0.1$, 一般而言, 变异发生的可能性较小.

(1) 编码策略. 采用十进制编码, 用随机数列 $w_1, w_2, \cdots, w_{33}$ 作为染色体, 其中 $0 < w_i < 1, w_1 = 0, w_{33} = 1$; 每个随机序列都和种群中的一个个体相对应. 例如, 一

个 10 个城市问题的一个染色体为

$$0.23, 0.82, 0.45, 0.74, 0.87, 0.11, 0.56, 0.69, 0.78, 0.90,$$

其中编码位置 i 代表城市 i, 位置 i 的随机数表示城市 i 在巡回中的顺序. 我们将这些随机数按升序排列得到如下巡回

$$6 - 1 - 3 - 7 - 8 - 4 - 9 - 2 - 5 - 10.$$

(2) 初始种群. 先利用经典的近似算法 —— 改良圈算法求得一个较好的初始种群, 即初始圈

$$C = \pi_1 \cdots \pi_{u-1} \pi_u \pi_{u+1} \cdots \pi_{v-1} \pi_v \pi_{v+1} \cdots \pi_{33}, \quad 2 \leqslant u < v \leqslant 32, 2 \leqslant \pi_u < \pi_v \leqslant 32.$$

交换 u 与 v 之间的顺序, 得到路径

$$\pi_1 \cdots \pi_{u-1} \pi_v \pi_{u+1} \cdots \pi_{v-1} \pi_u \pi_{v+1} \cdots \pi_{33}.$$

记 $\Delta f = (d_{\pi_{u-1}\pi_v} + d_{\pi_u\pi_{v+1}}) - (d_{\pi_{u-1}\pi_u} + d_{\pi_v\pi_{v+1}})$, 若 $\Delta f < 0$, 则用新的路径修改旧的路径, 直到不能修改为止.

(3) 目标函数. $\min z = \sum\limits_{i=1}^{32} d_{\pi_i \pi_{i+1}}$ 表示所有路径的长度之和.

(4) 交叉操作. 交叉操作仅采用单点交叉.

(5) 变异. 按照设定的变异率, 对选定个体, 随机选取三个整数 u, v, w 满足 $1 < u < v < w < 33$, 把 u 与 v 之间 (包括 u 和 v) 的基因段插到 w 后面.

(6) 选择. 采用确定性的选择策略, 选择目标函数值最小的 M 个个体进化到下一代, 这样可以保证父代的优良性保持下来.

2. 模型求解

MATLAB 程序如下, 其中 data5_tsp31.xls 包含 31 个城市的经、纬度值.

```
clc,clear data0=xlsread('data tsp31.xlsx','jwd', 'C2:D32');
            nn=size(x,1)+1; data=[x,y];
d1=[106,46];
data0=[d1;data;d1];  % 距离矩阵 d
data=data0*pi/180;
d=zeros(nn+1);
for i=1:nn
    for j=i+1:nn+1
```

```
        temp=cos(data(i,1)-data(j,1))*cos(data(i,2))
*cos(data(j,2))+sin(data(i,2))*sin(data(j,2));
        d(i,j)=6400*acos(temp);
      end
end
d=d+d'; L=nn+1; w=50; dai=100;  % 通过改良圈法选取优良父代A
for k=1:w
    c=randperm(nn-1);
    c1=[1,c+1,nn+1];
    flag=1;
    while flag>0
     flag=0;
     for m=1:L-3
       for n=m+2:L-1
           if d(c1(m),c1(n))+d(c1(m+1),c1(n+1))<d(c1(m),c1(m+1))
               +d(c1(n),c1(n+1))
               flag=1;
               c1(m+1:n)=c1(n:-1:m+1);
           end
         end
       end
     end
     J(k,c1)=1:nn+1;
end
J=J/(nn+1);
J(:,1)=0; J(:,nn+1)=1;
rand('state',sum(clock));  % 遗传算法实现过程
A=J;
for k=1:dai;  % 产生0~1随机序列进行编码
    B=A; C=randperm(w);  % 交叉产生子代B
    for i=1:2:w;
            F=2+floor(100*rand(1));
            temp=B(c(i),F:nn+1);
            B(c(i),F:nn+1)=B(c(i+1),F:nn+1);
            B(c(i+1),F:nn+1)=temp;
```

```
        end
        % 变异产生子代C
        by=find(rand(1,w)< 0.1);
        if length(by)==0
            by=floor(w*rand(1))+1;
        end
        C=A(by,:);
        L3=length(by);
        for j=1:L3
          bw=2+floor(100*rand(1,3));
          bw=sort(bw);
        C(j,:)=C(j,[1:bw(1)-1,bw(2)+1:bw(3),bw(1):bw(2),bw(3)
              +1+1:nn+1]);
        end
        G=[A:B;C];
        TL=size(G,1);
        % 在父代和子代中选择优良品种作为新的父代
        [dd,IX]=sort(G,2);temp(1:TL)=0;
        for j=1:TL
          for i=1:nn
            temp(j)=temp(j)d(IX(j,i),IX(j,i+1));
          end
        end
        [DZ,IZ]=sort(temp);
        A=G(IZ(1:w),:);
    end
    path=IX(IZ(1),:);
    juli=DZ(1),sj=juli/1000
    toc
    xx=data0(path,1); yy=data0(path,2);
    plot(xx,yy,'-o')
```

运行程序得到 juli=1.0535e+05, 即巡航距离为 1.0535e+05 km, 所需时间约
105.3459 h, 具体路线见图 5.2.

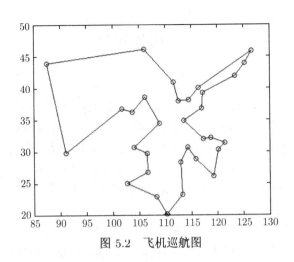

图 5.2 飞机巡航图

5.1.4 关键参数说明

这里介绍一下遗传算法的主要参数, 它在程序设计与调试中起着至关重要的作用.

1. 群体规模 NP

群体规模将影响遗传进化的最终结果以及遗传算法的执行效率. 当群体规模 NP 太小时, 遗传优化性能一般不会太好. 采用较大的群体规模可以减小遗传算法陷入局部最优解的机会, 但较大的群体规模意味着计算复杂度较高. 一般 NP 取 $10 \sim 200$.

2. 交叉概率 P_c

交叉概率控制着交叉操作被使用的频度. 较大的交叉概率可以增加遗传算法开辟新的搜索区域能力, 但高性能的模式遭到破坏的可能性增大; 若交叉概率太低, 遗传算法搜索可能陷入迟钝状态. 一般 P_c 取 $0.25 \sim 1.00$.

3. 变异概率 P_m

变异在遗传算法中属于辅助性的搜索操作, 它的主要目的是保持群体的多样性. 一般低频度的变异可防止群体中重要基因的可能丢失, 高频度的变异将使遗传算法趋于纯粹的随机搜索. 通常 P_m 取 $0.001 \sim 0.1$.

4. 遗传算法地方终止进化代数 G

终止进化代数是表示遗传算法运行结束条件的一个参数, 它表示遗传算法运行到指定的进化代数之后就停止运行, 并将当前群体中的最佳个体作为所求问题的最优解输出. 一般视具体问题而定, G 的取值可为 $100 \sim 1000$.

5.2　模拟退火算法

5.2.1　算法概述

模拟退火算法 (simulated annealing, SA) 是根据液态或固态材料中粒子的统计力学与复杂组合最优化问题求解过程的相似之处而提出来的. 统计力学表明, 材料中粒子结构不同对应于不同的能量水平. 在高温条件下, 粒子的能量较高, 可以自由运动和重新排列. 在低温条件下, 粒子能量较低. 如果从高温开始, 非常缓慢地降温 (这个过程称为退火), 粒子就可以在每个温度下达到热平衡. 当系统完全冷却时, 最终形成处于低能状态的晶体.

如果用粒子的结构或其相应能量来定义材料的状态, 下面的 Metropolis 算法可以给出一个简单的数学模型, 用于描述退火过程. 假设材料在温度 T 下从能量 $E(i)$ 的状态 i 进入具有能量 $E(j)$ 的状态 j, 遵循如下规律:

(1) 若 $E(j) \leqslant E(i)$, 接受该状态被转换;

(2) 若 $E(j) > E(i)$, 则该状态转换接受概率为 $\mathrm{e}^{\frac{E(i)-E(j)}{KT}}$, 其中 K 为物理学中玻尔兹曼常数, T 为材料温度.

在某一特定温度下, 如果进行了足够多次的转换后, 材料达到热平衡. 这时材料处于状态 i 的概率满足玻尔兹曼分布

$$\pi_i(T) = P_T(S = i) = \frac{\mathrm{e}^{-\frac{E(i)}{KT}}}{Z_T},$$

其中 S 表示材料当前状态的随机变量, $Z_T = \sum_{j \in S} \mathrm{e}^{-\frac{E(j)}{KT}}$ 称为划分函数, 它对在状态空间 S 上的所有可能的状态求和. 显然

$$\lim_{T \to \infty} \frac{\mathrm{e}^{-\frac{E(i)}{KT}}}{\sum_{j \in S} \mathrm{e}^{-\frac{E(j)}{KT}}} = \frac{1}{|S|},$$

其中 $|S|$ 表示状态空间 S 中状态总数. 这表明所有状态在高温下具有相同的概率, 而当温度下降时, 有

$$\lim_{T \to 0} \frac{P(i)}{\sum_{j \in S} P(j)} = \lim_{T \to 0} \frac{P(i)}{\sum_{j \in S_{\min}} P(j) + \sum_{j \notin S_{\min}} P(j)} = \begin{cases} \dfrac{1}{|S_{\min}|}, & i \in S_{\min}, \\ 0, & \text{其他.} \end{cases}$$

其中, $P(k) = \mathrm{e}^{-\frac{E(k)-E_{\min}}{KT}}$, $E_{\min} = \min_{j \in S} E(j)$, 且 $S_{\min} = \{E(i) = E_{\min}\}$.

从上式可见, 当温度降至很低时, 材料会以大概率进入最小能量状态.

如果温度下降十分缓慢, 而在每个温度都有足够多次的状态转移, 使之在每个温度下达到热平衡, 则找到全局最优解的概率为 1. 因此可以说模拟退火算法能够找到全局最优解.

5.2.2 算法流程及应用

模拟退火算法的步骤如下:

1. Metropolis 采样算法: 输入当前解 S 和温度 T

(1) 令 $k = 0$ 时的当前解为 $S(0) = S$, 而在温度 T 下进行以下步骤;

(2) 按某一规定方式根据当前解 $S(k)$ 所处的状态 S, 产生一个临近子集 $N(S(k))$, 由 $N(S(k))$ 随机产生一个新的状态 S' 作为一个当前解的候选解, 取评价函数 $C(S)$, 计算

$$\Delta C' = C(S') - C(S(k));$$

(3) 若 $\Delta C' < 0$, 则接受 S' 作为下一个当前解, 若 $\Delta C' > 0$, 则按概率 $\mathrm{e}^{\frac{\Delta C'}{bT}}$ 接受 S' 作为下一个当前解;

(4) 若接受 S', 则令 $S(k+1) = S'$, 否则令 $S(k+1) = S(k)$;

(5) 令 $k = k + 1$, 判断是否满足收敛准则, 不满足则转移到 (2);

(6) 返回当前解 $S(k)$.

2. 退火过程实现算法

(1) 任选一初始状态 S_0 作为初始解 $S(0) = S_0$, 并设初始温度为 T_0, 令 $i = 0$;

(2) 令 $T + T_i$, 以 T 和 S_i 调用 Metropolis 采样算法, 然后返回当前解 $S_i = S$;

(3) 按一定方式将 T 降温, 即令 $T = T_{i+1}, T_{i+1} < T_i, i = i + 1$;

(4) 检查退火过程是否结束, 若未结束则转移到 (2);

(5) 以当前解 S_i 作为最优解输出.

例 5.3 (TSP 问题) 31 个城市, 一个旅行者从某城市出发, 要经过其余 30 个城市, 最后回到出发城市, 31 个城市坐标见表 5.3. 该旅行者怎样选择路线才能使得经过的距离最短?

解 依次给城市编号为 $1, 2, \cdots, 31$. 假设旅行者从城市 1 出发, 经过其他 30 个城市后再回到城市 1, 将回到城市 1 再重复编号 32. 距离矩阵 $D = (d_{ij})_{32 \times 32}$, 其中 d_{ij} 表示城市 i 与 j 的距离. 显然矩阵 D 是实对称矩阵. 要求从城市 1 出发, 走遍 30 个城市后回到城市 32 的最短路径.

(1) 解空间. 解空间 S 可表示为 $\{1, 2, \cdots, 32\}$ 的所有固定起点和终点的循环排列集合, 即

$$S = \{(\pi_1, \cdots, \pi_{32}) | \pi_1 = 1, \pi_{32} = 32, \pi_2, \cdots, \pi_{31} \text{ 为 } 2, 3, \cdots, 31 \text{ 循环排列}\}.$$

每一个循环排列表示通过 31 个城市的一个回路, 使用蒙特卡罗方法选择一个较好的初始解.

表 5.3   31 个城市坐标 (单位: km)

x	y	x	y	x	y	x	y
1304	2312	4312	790	3918	2179	3394	2643
3639	1315	4386	570	4061	2370	3439	3201
4177	2244	3007	1970	3780	2212	2935	3240
3712	1399	2562	1756	3676	2578	3140	3550
3488	1535	2788	1491	4029	2838	2545	2357
3326	1556	2381	1676	4263	2931	2778	2826
3238	1229	1332	695	3429	1908	2370	2975
4196	1004	3715	1678	3507	2367		

(2) 目标函数 (代价函数). 此时的目标函数为通过 31 个城市的路径长度

$$\min Z = \sum_{i=1}^{31} d_{\pi_i \pi_{i+1}}.$$

(3) 新解的产生. 变换法 1: 任选序号 $u, v\ (u < v)$, 交换 u, v 的顺序, 此时新路径为

$$\pi_1 \cdots \pi_{u-1} \pi_v \pi_{u+1} \cdots \pi_{v-1} \pi_u \pi_{v+1} \cdots \pi_{32};$$

变换法 2: 任选序号 $u, v, w\ (u < v < w)$, 将 u, v 之间的路径插入 w 之间, 得到新路径为

$$\pi_1 \cdots \pi_{u-1} \pi_{v+1} \cdots \pi_w \pi_u \cdots \pi_v \pi_{w+1} \cdots \pi_{32}.$$

(4) 目标函数差. 对于变换法 2, 路径差可表示为

$$\Delta f = (d_{\pi_{u-1}\pi_v} + d_{\pi_u \pi_{v+1}}) - (d_{\pi_{u-1}\pi_u} + d_{\pi_v \pi_{v+1}}).$$

(5) 接受准则. $p = \begin{cases} 1, & \Delta f < 0, \\ \mathrm{e}^{-\frac{\Delta f}{T}}, & \Delta f \geqslant 0. \end{cases}$ 若 $\Delta f < 0$, 则接受新路径, 否则以概率 $\mathrm{e}^{-\frac{\Delta f}{T}}$ 接受新路径.

(6) 降温. 利用选定的降温系数 α 进行降温, 即 $T = \alpha T$, 得到新的温度. 一般取 α 接近 1 的数, 这样才能使温度缓慢降低, 如取 $\alpha = 0.99$.

(7) 结束条件. 用选定的终止温度 $T_{\mathrm{end}} = 10^{-20}$ 判断退火过程是否结束. 若 $T < T_{\mathrm{end}}$, 算法结束, 输出当前状态.

运行程序得到 Sum=1.5433e+04. 因此路径长度为 15433.4199 km, 此时的旅行路线见图 5.3.

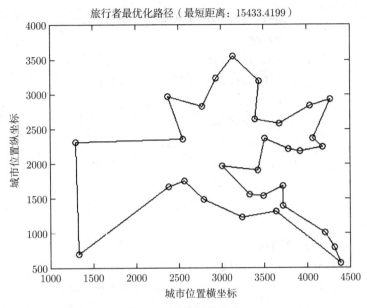

图 5.3 优化后的路线

MATLAB 程序如下:

```
clc, clear
data0=xlsread('data5 3.xls','sheet1', 'A1:H50'); x=data0(:,1);
    y=data0(:,2);
        nn=size(x,1);
        city=[x,y];
        d1=[1304,2312];
        city=[city;d1];
        d=zeros(nn+1);
        for i=1:nn
            for j=i+1:nn+1
                d(i,j)=sqrt((city(i,1)-city(j,1))^2+(city(i,2)
                    -city(j,2))^2);
            end
        end
        d=d+d';
        S0=[ ]; sum=inf;
        rand('tate',sum(clock));
        for j=1:1000
```

```
                        S=[1 1+randperm(nn-1),nn+1];
                        temp=0;
                        for i=1:nn;
                          temp=temp+d(S(i),S(i+1));
                        end
                        if temp<Sum
                          S0=S; Sum=temp;
                        end
                  end
                  Tend=0.1^20; L=20000; at=0.99; T=1;
% 退火过程
for k=1:L  % 产生新解
    c=2+floor(nn-1*rand(1,2));
    c=sort(c); c1=c(1); c2=c(2);  % 计算代价函数值
    df=d(S0(c1-1),S0(c2))+d(S0(c1),S0(c2+1))-d(S0(c1-1),S0(c1))
       -d(S0(c2),S0(c2+1));
    % 接受准则
    if df<0
      S0=[S0(1:c1-1),S0(c2:-1:c1),S0(c2+1:nn+1)];
      Sum=Sum+df;
    elseif exp(-df/T)>rand(1)
      S0=[S0(1:c1-1),S0(c2:-1:c1),S0(c2+1:nn+1)];
      Sum+df;
    end
    T=T*at;
    if T<Tend
      break;
    end
end
% 输出巡航路径及路径长度
S0,Sum
for i=1:nn+1
    pathx(i)=city(S0(i),1); pathy(i)=city(S0(i),2);
end
plot(pathx,pathy',o') xlabel('城市位置横坐标')
```

```
ylabel('城市位置纵坐标')
title(['旅行者最优化路径(最短距离:'num2str(Sum) ')'])
```

5.2.3 关键参数说明

模拟退火算法的性能质量高, 不仅比较通用, 而且容易实现. 不过, 为了得到最优解, 该算法通常要求较高的初温以及足够多次的抽样, 使得算法的优化时间往往过长. 从算法结构知道, 新的状态产生函数、初温、退温函数、Markov 链长度 L 的选取和算法停止准则, 是影响优化结果的主要环节.

1. 状态产生函数

设计状态产生函数应该考虑到尽可能地保证所产生的候选解遍及全部解空间. 一般情况下, 状态产生函数由两部分组成, 即产生候选解的方式和产生候选解的概率分布. 候选解的产生方式由问题性质决定, 通常在当前的邻域结构内以一定概率产生.

2. 初温

温度 T 在算法中具有决定性的作用, 它直接控制退火的走向, 由随机移动的接受准则可知, 初温越大, 获得高质量解的概率就越大, 且 Metropolis 的接收率约为 1. 但初温过高会使计算时间增加. 为此, 可以均匀抽样一组状态, 以各状态目标值的方差为初温.

3. 退温函数

退温函数即温度更新函数, 用于在外循环中修改温度值. 目前, 最常用的温度更新函数为指数退温, 即 $T(n+1) = K \times T(n)$, 其中 $0 < K < 1$ 是一个非常接近于 1 的常数.

4. Markov 链长度 L 的选取

Markov 链长度是在等温条件下进行迭代优化的次数, 其选取原则是在衰减参数 T 的衰减函数已选定的前提下, L 应选在控制参数的每一取值上都能恢复准平衡, 一般 L 取 $100 \sim 1000$.

5. 算法停止准则

算法停止准则用于决定算法何时结束, 可以简单地设置温度终值 T_f. 当 $T = T_f$ 时算法终止. 然而, 模拟退火算法的收敛性理论中, 要求 T_f 趋向于 0, 这其实是不实际的. 常用的停止准则: 设置终止温度的阈值, 设置迭代次数阈值, 或者当搜索到的最优解连续保持不变时停止搜索.

5.3 人工神经网络

5.3.1 算法概述

人工神经网络 (artificial neural network, ANN) 是人类在对大脑神经网络认识理解的基础上人工构造的能够实现某种功能的神经网络, 已在模式识别、鉴定、分类、语言、翻译和控制系统等领域得到广泛的应用, 它能够用来解决常规计算难以解决的问题.

人工神经元是人工神经网络的基本构成元素, 见图 5.4, $X = (x_1, x_2, \cdots, x_m)$ 为输入, $W = (w_1, w_2, \cdots, w_m)^{\mathrm{T}}$ 为连接权, 于是网络输入 $u = \sum_{i=1}^{m} x_i w_i$, 其向量形式为 $u = XW^{\mathrm{T}}$.

激活函数也称激励函数、活化函数, 用来执行对神经元所获得的网络输入的变换. 一般有以下四种.

(1) 线性函数 $f(u) = ku + c$.

(2) 非线性斜面函数 $f(u) = \begin{cases} \gamma, & u \geqslant \theta, \\ ku, & |u| < \theta, \\ -\gamma, & u \leqslant -\theta, \end{cases}$ 其中 $\gamma > 0$ 为常数, 称为饱和值, 为神经元的最大输出.

(3) 阈值函数/阶跃函数 $f(u) = \begin{cases} \beta, & u > \theta, \\ -\gamma, & u \leqslant \theta, \end{cases}$ 其中 β, γ, θ 均为非负实数, θ 为阈值. 阈值函数具有以下两种特殊形式:

$$\text{二值形式} \quad f(u) = \begin{cases} 1, & u > \theta, \\ 0, & u \leqslant \theta; \end{cases} \quad \text{双极形式} \quad f(u) = \begin{cases} 1, & u > \theta, \\ -1, & u \leqslant \theta. \end{cases}$$

(4) S 形函数 $f(u) = a + \dfrac{b}{1 + \exp(-du)}$, 其中 a, b, d 为常数. $f(u)$ 的饱和值为 a 和 $a + b$, 其最简形式为 $f(u) = \dfrac{1}{1 + \exp(-du)}$, 此时函数的饱和值为 0 和 1.

5.3.2 神经网络的基本模型

1. 感知器

感知器是由美国 Rosenblatt 于 1957 年提出的, 它是最早的人工神经网络. 单层感知器是一个具有一层神经元、采用阈值激活函数的前向网络, 通过对网络权值的训练, 可以使感知器对一组输入矢量的响应达到 0 或 1 的目标输出, 从而实现对输入矢量的分类. 图 5.4 是单层感知器神经元模型, 其中 m 为输入神经元的个数.

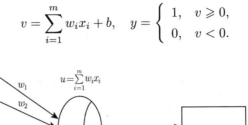

$$v = \sum_{i=1}^{m} w_i x_i + b, \quad y = \begin{cases} 1, & v \geqslant 0, \\ 0, & v < 0. \end{cases}$$

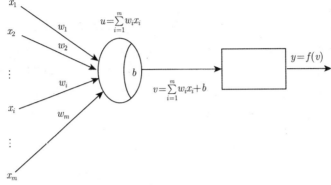

图 5.4   单层感知器模型

感知器可以利用其学习规则来调整网络的权值, 以便使网络对输入矢量的响应达到 0 或 1 的目标输出.

感知器的设计是通过监督式的权值训练来完成的, 所以网络的学习过程需要输入和输出样本对. 实际上, 感知器的样本对是一组能够代表所要分类的所有数据划分模式的判定边界. 这些用来训练网络权值的样本是靠设计者来选择的, 所以要特别进行选取以便获得正确的样本对.

感知器的学习规则属于梯度下降法, 可以证明, 如果解存在, 则算法在有限次的循环迭代后可以收敛到正确的目标矢量.

例 5.4   采用单一感知器神经元解决简单的分类问题: 将四个输入矢量分为两类, 其中两个矢量对应的目标值为 1, 另外两个矢量对应的目标值为 0, 即输入矢量

$$P = [-0.5 \quad -0.5 \quad 0.3 \quad 0.0; \quad -0.5 \quad 0.5 \quad -0.5 \quad 1.0],$$

且目标分类矢量 $T = [1\,1\,0\,0]$.

解   首先定义输入矢量及相应的目标矢量, 对应于目标值 0 的输入矢量用符号 "." 表示, 对应于目标值 1 的输入矢量符号用 "+" 表示. 以下是 MATLAB 环境下感知器分类程序:

```
% NEWP——建立一个感知器神经元
% INIT——对感知器神经元初始化
% TRAIN——训练感知器神经元
% SIM——对感知器神经元仿真
P=[-0.5 -0.5 0.3 0; -0.5 0.5 -0.5 1.0];        % P 为输入矢量
```

```
T=[1 1 0 0];        % T 为目标矢量
plotpv(P,T);        % 绘制输入矢量图
% 定义感知器神经元并对其初始化
net=newp([−0.5 0.5; −0.5 1],1);
A=sim(net,P)        % 训练前的网络输出
net=train(net,P,T);
% 绘制结果分类曲线
plotpv(P,T);
plotpc(net.iw1,1,net.b1);
% 利用训练完成的感知器神经元分类
p=[−0.5; 0.2];
a=sim(net,p);
```

经 3 步训练就到达了误差指标要求, 其分类结果如图 5.5 所示, 分类线将两类输入矢量分开.

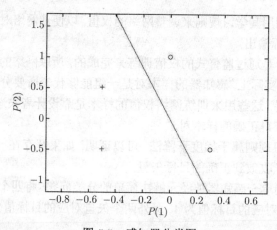

图 5.5　感知器分类图

2. BP (back propagation) 神经网络

BP 神经网络是一种神经网络学习算法, 由输入层、中间层和输出层组成, 中间层可扩展为多层. 相邻层之间各神经元进行全连接, 而每层各神经元之间无连接, 网络按有导师向量的方式进行学习, 当一对学习模式提供网络后, 各神经元获得网络的输入响应产生连接权值. 然后按减小希望输出与实际输出的误差的方向, 从输出层经各中间层逐层修正各连接权值, 回到输入层. 此过程反复交替进行, 直至网络的全局误差趋向给定的极小值, 即完成学习过程. 三层 BP 神经网络结构如图 5.6 所示.

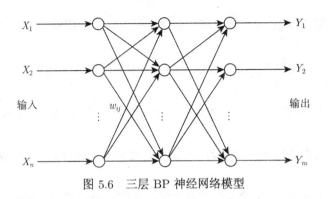

图 5.6 三层 BP 神经网络模型

BP 神经网络最大优点是具有极强的非线性映射能力, 它主要用于以下四个方面.

(1) 函数逼近. 用输入向量和相应的输出向量训练一个网络以逼近某个函数;

(2) 模式识别. 用待定的输出向量将它与输入向量联系起来;

(3) 分类. 把输入向量所定义的合适方式进行分类;

(4) 数据压缩. 减少输出向量维数以便传输或存储.

理论上, 对于一个三层或三层以上的 BP 网络, 只要隐层神经元数目足够多, 该网络就能以任意精度逼近一个非线性函数. BP 神经网络同时具有对外界刺激和输入信息进行联想记忆能力, 这种能力使其在图像复原、语言处理、模式识别等方面具有重要应用. BP 神经网络对外界输入样本有很强的识别与分类能力, 解决了神经网络发展史上的非线性分类难题. BP 神经网络还具有优化计算能力, 其本质上是一个非线性优化问题, 它可以在已知约束条件下, 寻找参数组合, 使该组合确定的目标函数达到最小.

图 5.6 中, $X_1, \cdots, X_n$ 是神经网络输入值, $Y_1, \cdots, Y_m$ 是神经网络预测值, w_{ij} 为神经网络的权值. BP 神经网络具体流程如下:

第一步: 初始化给各连接权 w_{ij} 及阈值 θ_{ij} 赋予 $[-1, 1]$ 的随机值;

第二步: 随机选取一模式对 $A = (a_1, a_2, \cdots, a_n), Y = (y_1, y_2, \cdots, y_m)$ 提供给网络;

第三步: 用输入模式 A、连接权 w_{ij} 和阈值 θ_{ij} 计算中间层各单元的输入 s_j, 然后用 s_j 通过 S 形函数计算中间层各单元的输出 b_j;

第四步: 用中间层的输出 b_j、连接权 w_{ij} 和阈值 θ_{ij} 计算输出层各单元的输入 L_j, 然后用 L_j 通过 S 形函数计算输出层各单元的响应 C_j;

第五步: 用希望输出模式 Y、网络实际输出 C_j, 计算输出层各单元一般化误差 d_j;

第六步: 用连接权 w_{ij}、输出层一般化误差 d_j、中间层输出 b_j 计算中间层各单元一般化误差 e_j;

第七步: 用输出层各单元一般化误差 d_j、中间层各单元输出 b_j 修正连接权 w_{ij} 和阈值 θ_{ij};

第八步: 用中间层各单元一般化误差 e_j、输入层各单元输入 A 修正连接权 w_{ij} 和阈值 θ_{ij};

第九步: 随机选取下一个学习模式对, 返回到第三步, 直至全部 m 个模式对训练完毕;

第十步: 重新从 m 个学习模式对中随机选取一个模式对, 返回第三步, 直至网络全局误差函数 E 小于预先设定的一个极小值, 即网络收敛或学习次数大于预先设定的值, 即网络无法收敛.

5.3.3 BP 神经网络函数说明及应用

MATLAB 中集成有神经网络算法的命令函数. MATLAB 中 BP 神经网络常用函数见表 5.4.

表 5.4 BP 神经网络常用函数表

函数类型	函数名称	函数用途
前向网络创建函数	newff	创建前向 BP 神经网络
传递函数	logsig	S 形的对数函数
传递函数	tansig	S 形的正切函数
传递函数	purelin	纯线性函数
学习函数	learngd	基于梯度下降法的学习函数
学习函数	learngdm	梯度下降动量学习函数
性能函数	mse	均方误差函数
性能函数	msereg	均方误差规范化函数
显示函数	plotperf	绘制网络的性能
显示函数	plotes	绘制一个单独神经元的误差曲面
显示函数	plotep	绘制权值和阈值在误差曲面上的位置
显示函数	errsurf	计算单个神经元的误差曲面

1. 数据预处理

由于神经网络输入数据的范围可能特别大, 导致神经网络收敛慢、训练时间长. 因此在训练神经网络前一般需要对数据进行预处理, 一种重要的预处理手段是归一化处理. 就是将数据映射到 $[0, 1]$ 或 $[-1, 1]$ 区间或更小的区间.

一种简单的归一化算法是线性转换算法, 常见的有两种形式, 一种是

$$y = \frac{x - \min}{\max - \min},$$

其中 min, max 分别是给定数据的最小值和最大值. 该形式归一化后映射到 $[0,1]$ 上. 当激活函数采用 S 形函数时, 常采用该形式. 另一种形式是

$$y = 2(x - \min)/(\max - \min) - 1,$$

该公式将数据映射到区间 $[-1,1]$ 上, 若采用双极 S 形函数时, 常采用该公式.

MATLAB 中归一化处理数据可以采用 premnmx, postmnmx, tramnmx 这 3 个函数.

(1) premnmx 函数. 语法 [pn, minp, maxp, tn, mint, maxt]=premnmx(p,t), 将矩阵 p, t 归一化到 $[-1,1]$, 主要用于归一化处理训练数据集:

pn——p 矩阵按行归一化后的矩阵;

minp, maxp——p 矩阵每一行的最小值、最大值;

tn——t 矩阵按行归一化后的矩阵;

mint, maxt——t 矩阵每一行的最小值、最大值.

(2) tramnmx 函数. 语法 [pn]=tramnmx(p, minp, maxp), 主要用于归一化处理待分类的输入数据:

minp, maxp——premnmx 函数计算的矩阵的最小值、最大值;

pn——归一化后的矩阵.

(3) postmnmx 函数. 语法 [p, t]=postmnmx(pn, minp, maxp, tn, mint, maxt), 将矩阵 pn, tn 映射回归一化处理前的范围, 主要用于将神经网络的输出结果映射回归一化前的数据范围:

minp, maxp——permnmx 函数计算 p 矩阵每行最小值、最大值;

mint, maxt——premnmx 函数计算 t 矩阵每行最小值、最大值.

2. 神经网络实现函数

使用 MATLAB 建立神经网络主要使用下面 3 个函数:

newff——前馈网络创建函数;

train——训练一个神经网络;

sim——使用网络进行仿真.

newff 函数参数列表有很多可选参数, 具体可参考 MATLAB 的帮助文档, 这里介绍其一种简单的形式:

net=newff(A,B,{C},'trainFun','BLF','PF'), 其中

A——一个 $n \times 2$ 矩阵, 第 i 行元素为输入信号 x_i 的最小值和最大值;

B——一个 k 维行向量, 其元素为网络中各层节点数;

C——一个 k 维字符串行向量, 每一分量为对应层神经元的激活函数, 默认为 tansig;

trainFun——为学习规则采用的训练算法, 默认为 trainlm;

BLF——BP 权值/偏差学习函数, 默认为 learngdm;

PF——性能函数, 默认为 mse.

例 5.5　为了全面系统地对网络性能进行综合评估, 选取背景流量、网络延时、延时抖动情况和网络丢包率等因素, 作为网络评估指标, 表 5.5 给出网络性能指标值.

表 5.5　网络性能指标值

背景流量/kbps	网络延时/s	延时抖动情况/s	网络丢包率
500	0.065506	0.001649	0
550	0.065483	0.001679	0
600	0.065625	0.001865	0
650	0.065668	0.002790	0
700	0.065646	0.002003	0
750	0.065764	0.003879	0
800	0.066084	0.005085	0
850	0.066614	0.006591	0
900	0.072721	0.014862	0.003731
910	0.074368	0.015066	0.041199
920	0.076668	0.011714	0.060606
930	0.077252	0.012498	0.057471
940	0.077784	0.011760	0.085603
950	0.077882	0.012031	0120301

为了定量给出每个网络的好坏程度, 以上数据各指标有 14 个工况, 采用 1 ~ 14 进行量化作为输出值, 1 表示网络最好, 14 表示网络最差. 同样, 这个评估性能参数也可以作为 BP 神经网络训练输出结果. 相应 MATLAB 程序如下:

```
clc,clear,close all
warning off
load('x.mat')
x=x'; y=[1 : 14];
x=mapminmax(x); y=mapminmax(y); % 归一化
net=newff(minmax(x),[80,1],{'tansig','purelin'},'traingdm');
    % 网络训练函数
% 当前输入层权值和阈值
inputWeights=net.IW{1,1};
inputbias=net.b{1};
% 当前网络层权值和阈值
layerWeights=net.LW{2,1};
```

```
layerbias=net.b{2};
% 设置训练参数
net.trainParam.show=50;  % 训练步数
net.trainParam.lr=0.01;  % 学习率
net.trainParam.mc=0.9;  % 惯性率-动量因子
net.trainParam.epochs=2000;  % 迭代次数
net.trainParam.goal=1e-3;  % 最小误差
% 惯用Traingdm算法训练BP网络
[net,tr]=train(net,x,y);
% 对BP网络进行仿真
A_train=sim(net,x);
% 计算机仿真误差
E=y-A_train;
% 均方误差
disp'网络训练均方误差'
MSE=mse(E)
figure(1)
plot(y,'ro-','linewidth',2)
hold on
plot(A train,'bs-','linewidth',2)
legend('实际值','输出值')
```

运行程序, 输出的网络训练均方根误差 MSE=9.9968e−04.

运行结果见图 5.7, 由图可知期望值与实际输出值非常接近. 工况 $1 \sim 14$ 在 BP

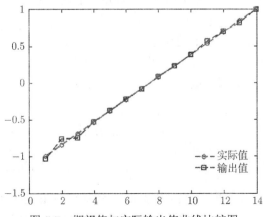

图 5.7 期望值与实际输出值曲线比较图

神经网络中归一化处理后, 映射到 $-1 \sim 1$, 分析表 5.5 中数据可知, 表中数据是逐渐增大的, 网络性能逐渐变差, 因此图 5.7 很好地表征 BP 网络性能, 采用 BP 神经网络模型能够较精确地评估网络性能, 实现非线性函数的映射功能.

5.4   蚁 群 算 法

20 世纪 90 年代, 意大利数学家 M. Dorigo 等在新型算法研究过程中, 发现蚁群在寻找食物时, 通过分泌一种称之为信息素的生物激素交流觅食信息, 从而快速找到目标, 据此提出蚁群算法. 现已逐渐被应用到工业排序、车辆调度、集成电路设计、通信网络、数据聚类分析等领域.

5.4.1   算法概述

蚁群算法 (ant colony optimization, ACO) 的基本原理源自蚂蚁觅食的最短路径原理. 根据昆虫学家观测, 自然界的蚂蚁虽然视觉不发达, 但它可以在没有任何提示的情况下, 找到从食物源到巢穴的最短路径, 并且能在环境发生变化 (如原有路径上有障碍物) 后, 自适应地搜索新的最佳路径.

蚂蚁在寻找食物时, 能在其走过的路径上释放一种蚂蚁特有的分泌物 —— 信息素, 使得在一定范围内的其他蚂蚁能够觉察到并能由此影响它们以后的行为. 当一些路径上通过的蚂蚁越来越多时, 其留下的信息素也越来越多, 以致信息素强度增大, 所以蚂蚁选择该路径的概率也越高, 从而更增加了该路径的信息素强度, 这种选择过程称之为蚂蚁的自催化行为. 由于其原理是一种正反馈机制, 因此也可将蚂蚁王国理解为所谓的增强型学习系统.

下面以经典的旅行商问题 (TSP) 为例, 来阐述如何基于蚁群算法求解实际问题. 设整个蚂蚁群体中蚂蚁数量为 m, 城市的数量为 n, 城市 i 与 j 之间距离为 d_{ij} $(i, j = 1, 2, \cdots, n)$, t 时刻城市 i 与 j 连接路径上的信息素浓度为 $\tau_{ij}(t)$. 初始时刻, 蚂蚁被放置在不同城市里, 且各城市连接路径上的信息素浓度相同, 不妨设为 $\tau_{ij}(0) = \tau_0$. 然后, 蚂蚁将按一定的概率选择线路, 不妨设 $p_{ij}^k(t)$ 为时刻 t 蚂蚁 k 从城市 i 转移到 j 的概率. 我们知道, "蚂蚁 TSP" 策略会受到两方面的左右, 一是访问某城市的期望, 二是蚂蚁释放的信息素浓度, 所以定义

$$p_{ij}^k(t) = \begin{cases} \dfrac{(\tau_{ij}(t))^\alpha (\eta_{ij}(t))^\beta}{\sum\limits_{s \in \text{allow}_k} (\tau_{is}(t))^\alpha (\eta_{is}(t))^\beta}, & j \in \text{allow}_k, \\ 0, & j \notin \text{allow}_k, \end{cases}$$

其中 $\eta_{ij}(t)$ 为启发函数, 表示蚂蚁从城市 i 转移到 j 的期望程度, allow_k $(k = 1, 2, \cdots, m)$ 表示蚂蚁 k 待访问城市集合, 开始时 allow_k 中有 $n - 1$ 个元素, 即

包括除了蚂蚁 k 出发城市的其他城市, 随着时间的推移, allow_k 中元素越来越少, 直至为空. α 为信息素重要程度因子, 简称信息素因子, 其值越大, 表明信息素浓度越大. β 为启发函数重要程度因子, 简称启发函数因子, 其值越大, 表明启发函数影响越大.

在蚂蚁遍历各城市的过程中, 与实际情况相似的是, 在蚂蚁释放信息素的同时, 各个城市间连接路径上的信息素的强度也在通过挥发等方式逐渐消失. 为了描述这一特征, 不妨令 $\rho\,(0 < \rho < 1)$ 表示信息素的挥发程度. 这样, 当所有蚂蚁完整走完一遍所有城市之后, 各个城市间连接路径上的信息浓度为

$$\begin{cases} \tau_{ij}(t+1) = (1-\rho)\tau_{ij}(t) + \Delta\tau_{ij}, & 0 < \rho < 1, \\ \Delta\tau_{ij} = \displaystyle\sum_{k=1}^{m} \Delta\tau_{ij}^{k}, \end{cases}$$

其中 $\Delta\tau_{ij}^{k}$ 为第 k 只蚂蚁在城市 i 与 j 连接路径上释放信息素而增加的信息素浓度, $\Delta\tau_{ij}$ 即为所有蚂蚁在城市 i 与 j 连接路径上释放信息素而增加的信息素浓度.

一般 $\Delta\tau_{ij}^{k}$ 的值可由下式进行计算

$$\Delta\tau_{ij}^{k} = \begin{cases} \dfrac{Q}{L_k}, & \text{若蚂蚁 } k \text{ 在城市 } i \text{ 访问城市 } j, \\ 0, & \text{否则}, \end{cases}$$

其中 Q 为信息素常数, 表示蚂蚁循环一次所释放的信息素总量, L_k 为 k 只蚂蚁经过路径的总长度.

5.4.2 算法流程及应用

用蚁群算法求解 TSP 问题的算法流程如图 5.8 所示, 具体每步含义如下.

步骤 1: 对相关参数进行初始化, 包括蚁群规模、信息素因子、启发函数因子、信息素挥发因子、信息素常数、最大迭代次数等, 以及将数据读入程序, 并对数据进行基本处理, 如将城市的坐标位置转为城市间的矩阵.

步骤 2: 随机将蚂蚁放于不同的出发点, 对每个蚂蚁计算其下一个访问城市, 直至所有蚂蚁访问完所有城市.

步骤 3: 计算各个蚂蚁经过的路径长度 L_k, 记录当前次数中最优解, 同时对各个城市连接路径上的信息素浓度进行更新.

步骤 4: 判断是否达到最大迭代次数, 若否, 则返回步骤 2, 否则终止程序.

步骤 5: 输出程序结果, 并根据需要输出程序寻优过程中的相关指标, 如运行时间、收敛迭代次数等.

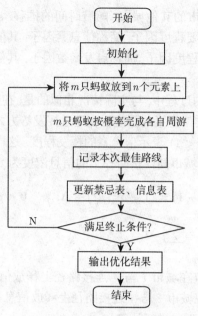

图 5.8　蚁群算法流程图

例 5.6　31 个城市坐标见表 5.3, 设计最佳 TSP 路线图.

解　(1) 数据准备. 为了防止既有变量干扰, 首先将环境变量清空, 然后将城市的位置坐标从数据文件读入程序, 并保存到变量为 citys 的矩阵中 (第 1 列为城市的横坐标, 第 2 列为城市的纵坐标).

(2) 计算城市距离矩阵. 根据平面几何两点间距离公式, 有城市坐标矩阵 citys, 可以很容易计算任意两城市之间的距离. 但需要注意的是, 这样计算出的矩阵对角线上元素为 0, 然而为保证启发函数的分母不为 0, 需将对角线的元素修正为一个足够小的正数. 从数据的数量级判断, 修正为 10^{-3} 以下就可以了.

(3) 初始化参数. 计算之前需要对参数进行初始化, 同时为了加快程序的执行速度, 对于程序中涉及的一些过程变量, 需要预分配其存储容量.

(4) 迭代寻找最佳路径. 该步为整个算法的核心. 首先要根据蚂蚁的转移概率构建解空间, 即逐个蚂蚁逐个城市访问, 直至遍历所有城市, 然后计算各个蚂蚁经过路径的长度, 并在每次迭代后根据信息素更新公式, 实时更新各个城市连接路径上的信息素浓度. 经过循环迭代, 记录下最优的路径和长度.

(5) 结果显示. 对计算结果用数字或图形的方式显示出来, 以便于分析. 同时也可以根据需要把能够显示程序的数据显示出来, 以直观呈现出程序的寻优轨迹.

MATLAB 程序实现.

```
clear all;clc;
```

```
t0 = clock;
citys = xlsread('data_tsp31.xlsx','sheet1', 'B2:C32');
    n = size(citys,1);
D = zeros(n,n);
for i = 1:n
     for j = 1:n
     if i = j
       D(i,j) = sqrt(sum((citys(i,:) - citys(j,:)).^2));
     else
       D(i,j) = 1e-4;
      end
      end
end
m = 75; alpha = 1; beta = 5; vol = 0.2; Q = 10; Heu_F = 1.D;
Tau = ones(n,n); Table = zeros(m,n); iter = 1; iter_max = 100;
Route_best = zeros(iter_max,n); Length_best = zeros(iter_max,1);
Length_ave = zeros(iter_max,1); Limit_iter = 0;
while iter != iter_max
    start = zeros(m,1);
    for i = 1:m
     temp = randperm(n);
     start(i) = temp(1);
    end
    Table(:,1) = start;
    % 构建解空间
    citys_index = 1:n;
    % 逐个旅行者路径选择
    for i = 1:m
    % 逐个城市路径选择
     for j = 2:n
      tabu = Table(i,1:(j - 1));
      allow_index = ismember(citys_index,tabu);
      % ismember函数判断一个变量中的元素是否在另一个变量中出现,
          返回0-1矩阵
      allow = citys index(allow_index);
```

```
    P = allow;
    % 计算城市间转移概率
    for k = 1:length(allow)
     P(k) = Tau(tabu(end),allow(k))^alpha * Heu F(tabu(end),
            allow(k))^beta;
    end
    P = P/sum(P);
    % 轮盘赌法选择下一个访问城市
    Pc = cumsum(P);
    % cumsum用于求累加和,如A=[1,2,3,4],则cumsum(A)=[1,3,6,10].
    target index = find(Pc=rand);
    target = allow(target index(1));
    Table(i,j) = target;
   end
    end
% 计算各个旅行者的路径距离
Length = zeros(m,1);
    for i = 1:m
     Route = Table(i,:);
     for j = 1:(n - 1)
      Length(i) = Length(i) + D(Route(j),Route(j + 1));
     end
     Length(i) = Length(i) + D(Route(n),Route(1));
    end
% 计算最短路径距离及平均距离
if iter == 1
        [min_Length,min_index] = min(Length);
        Length_best(iter) = min_Length;
        Length_ave(iter) = mean(Length);
        Route_best(iter,:) = Table(min_index,:);
        Limit_iter = 1;
else
        [min_Length,min_index] = min(Length);
        Length_best(iter) = min(Length_best(iter-1),min_Length);
        Length_ave(iter) = mean(Length);
```

```
            if Length_best(iter) == min_Length
              Route_best(iter,:) = Table(min_index,:);
                     Limit_iter = iter;
            else
             Route_best(iter,:) = Route_best((iter-1),:);
            end
      end
      % 更新信息素
      Delta_Tau = zeros(n,n);
      % 逐个旅行者计算
      for i = 1:m
          % 逐个城市计算
          for j = 1:(n - 1)
           Delta_Tau(Table(i,j),Table(i,j+1))=Delta_Tau(Table(i,j),
                          Table(i,j+1))+Q/Length(i);
          end
          Delta_Tau(Table(i,n),Table(i,1))=Delta_Tau(Table(i,n),
                          Table(i,1))+Q/Length(i);
      end
      Tau = (1-vol) * Tau + Delta Tau;
          % 迭代次数加1,清空路径记录表
          iter = iter + 1;
          Table = zeros(m,n);
      end
% [Shortest_Length,index] = min(Length_best);
Shortest_Route = Route_best(index,:);
Time_Cost=etime(clock,t0);
disp(['最短距离:' num2str(Shortest_Length)]);
disp(['最短路径:' num2str([Shortest_Route Shortest_Route(1)])]);
disp(['收敛迭代次数:' num2str(Limit_iter)]);
disp(['程序执行时间:' num2str(Time_Cost) '秒']);
% figure(1)
plot([citys(Shortest_Route,1);citys(Shortest_Route(1),1)],...
[citys(Shortest_Route,2);citys(Shortest_Route(1),2)],'o-');
grid on
```

```
for i = 1:size(citys,1)
      text(citys(i,1),citys(i,2),['num2str(i)']);
end
text(citys(Shortest Route(1),1),citys(Shortest Route(1),2),
      '起点');
text(citys(Shortest Route(end),1),citys(Shortest Route(end),2),
      '终点');
xlabel('城市位置横坐标')
ylabel('城市位置纵坐标')
title(['旅行者最优化路径'(最短距离:'num2str(Shortest_Length)')'])
figure(2)
plot(1:iter max,Length best,'b')
legend('最短距离')
xlabel('迭代次数')
ylabel('距离')
title('算法收敛轨迹')
```

运行程序, 得到执行结果: 最短距离为 15601.9195 km; 最短路径:14—12—
13—11—23—16—5—6—7—2—4—8—9—10—3—18—17—19—24—25—20—21—
22—26—28—27—30—31—29—1—15—14, 其中城市编号: 表 5.6 第 1 行从左至右
依次为 1, 2, 3, 4, 第 2 行从左至右依次为 5, 6, 7, 8, 最后 1 行从左至右依次为 29,
30, 31, 图 5.9 为优化后的路线、图 5.10 为迭代情况.

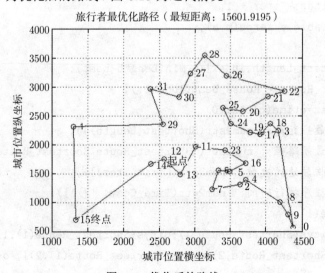

图 5.9   优化后的路线

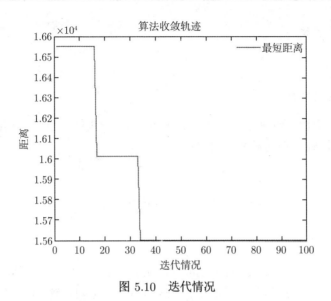

图 5.10   迭代情况

5.4.3   关键参数说明

蚁群算法的参数设定应遵照三个基本准则: 一是尽可能在全局上搜索最优解, 保证解的最优性; 二是算法尽快收敛, 以节省寻优时间; 三是尽量反映客观存在的规律, 以保证这种仿生算法的真实性.

1. 蚂蚁数量

M 为城市数量, 蚂蚁数量 m 的设定非常重要, m 过大会使搜索过的路径上信息素量变化趋于平均, 正反馈作用减弱, 以致收敛速度减慢; 反之, 在处理较大规模问题时, 易使未被搜索到的路径信息素量减小到 0, 使程序过早出现停滞现象, 以致解的全局优化降低. 一般讲, 蚂蚁数设定为 $1.5M$.

2. 信息素因子

信息素因子 α 反映蚂蚁在运动过程中所积累的信息量在指导蚁群搜索中的相对重要程度, 实验研究发现, 当 $\alpha \in [1,4]$ 时, 综合求解性能较好.

3. 启发函数因子

启发函数因子 β 反映了启发式信息在指导蚁群搜索过程中相对重要程度, 实验研究表明, 当 $\beta \in \{3,4,5\}$ 时, 综合求解性能较好.

4. 信息素挥发因子

信息素挥发因子 ρ 描述信息素的消失水平, $1 - \rho$ 为信息素的残留因子, 一般取 $\rho \in [0.2, 0.5]$.

5. 信息素常数

一般取 $Q \in [10, 1000]$ 较好.

6. 最大迭代次数

最大迭代次数一般取 $100 \sim 500$. 通常先取 200, 执行程序后, 查看算法收敛轨迹, 由此判断比较合理的最大迭代次数.

5.5   粒子群算法

5.5.1   算法概述

粒子群算法 (particle swarm optimization, PSO) 是一种基于群体的随机优化技术, 与其他基于群体的进化算法类似, 均需初始化一组随机解, 通过迭代搜索最优解. 不同的是, 进化计算遵循适者生存原则, 而 PSO 模拟社会, 将每个可能产生的解表述为群中的一个微粒, 每个微粒都具有自己的位置向量和速度向量, 以及一个由目标函数决定的适应度. 所有微粒在搜索空间中以一定的速度飞行, 通过追随当前搜索到的最优值来寻找全局最优值.

PSO 模拟社会采用了以下三条简单规则对粒子个体进行操作: ①飞离最近的个体, 以避免碰撞; ②飞向目标; ③飞向群体的中心. 这是粒子群算法的基本概念之一.

PSO 算法最早是在 1995 年由美国社会心理学家 James Kennedy 和电气工程师 Russel Eberhart 共同提出, 其基本思想是受他们早期对许多鸟类的群体行为进行建模与仿真研究结果的启发, 建模与仿真主要利用了生物学家 Frank Heppner 的模型.

PSO 算法与其他进化算法类似, 也采用"群体"和"进化"的概念, 同样根据个体的适应值大小进行操作. 不同的是, PSO 中没有进化算子, 而是将每个个体看作搜索空间中没有重量和体积的微粒, 并在搜索空间中以一定的速度飞行, 该飞行速度由个体飞行经验和群体的飞行经验进行动态调整.

设在一个 S 维的目标搜索空间中, 有 m 个粒子组成一个群体, 其中第 i 个粒子表示为一个 S 维的向量 $x_i = (x_{i1}, x_{i2}, \cdots, x_{iS}), i = 1, 2, \cdots, m$, 每个粒子的位置就是一个潜在的解. 将 x_i 代入一个目标函数就可以算出其适应值, 根据适应值的大小衡量解的优劣. 第 i 个粒子的飞翔的速度是 S 维向量, 记为 $v_i = (v_{i1}, v_{i2}, \cdots, v_{iS})$. 记第 i 个粒子迄今为止搜索到的最优位置为 $p_i = (p_{i1}, p_{i2}, \cdots, p_{iS})$, 整个粒子群迄今为止搜索到的最优位置为 $p_g = (p_{g1}, p_{g2}, \cdots, p_{gS})$.

不妨设 $f(x)$ 为最小化的目标函数, 则微粒 i 的当前最好位置由下式确定

$$p_i(t+1) = \begin{cases} p_i(t) \to f(x_i(t+1)) \geqslant f(p_i(t)), \\ x_i(t+1) \to f(x_i(t+1)) < f(p_i(t)). \end{cases}$$

Kennedy 和 Eberhart 用下列公式对粒子进行操作

$$v_{is}(t+1) = \omega v_{is}(t) + c_1 r_1(t)(p_{is}(t) - x_{is}(t)) + c_2 r_2(t)(p_{gs}(t) - x_{is}(t)),$$
$$x_{is}(t+1) = x_{is}(t) + \alpha v_{is}(t+1),$$

其中 $i \in [1, m], s \in [1, S]$, 加速因子 c_1, c_2 是非负常数; r_1, r_2 为相互独立的伪随机数, 服从 $[0,1]$ 上的均匀分布; ω 是非负数, 为惯性因子; α 称为约束因子, 目的是控制速度的权重; $v_{is} \in [-v_{\max}, v_{\max}], v_{\max}$ 为常数, 由用户设定.

从以上进化的方程可见, c_1 调节粒子飞向自身最好位置方向的步长, c_2 调节粒子飞向全局最好位置方向的步长. 为了减少进化过程中粒子离开搜索空间的可能, v_{is} 通常限定在一个范围之内, 如果搜索空间在 $[-x_{\max}, x_{\max}]$ 中, 则可以设定 $v_{\max} = k x_{\max}, 0.1 \leqslant k \leqslant 1.0$.

终止条件为最大迭代次数或粒子群搜索到的最优位置满足的预定最小适应阈值.

近年来, 一些学者将 PSO 算法推广到有约束优化问题, 其关键在于如何处理好约束, 即解的可行性. 如果约束处理不好, 其优化的结果往往会出现不能收敛和结果是空集的状况. 目前, 基于 PSO 算法解决有约束优化问题的技术还不成熟. 基于 PSO 算法的约束优化工作主要分两类:

(1) 罚函数法. 罚函数的目的是将约束优化问题转化成无约束优化问题;

(2) 将粒子群的搜索范围限制在条件约束簇内, 即在可行解范围内寻优.

初始化过程如下:

(1) 设定群体规模 m;

(2) 对任意 i, s, 在 $[-x_{\max}, x_{\max}]$ 内服从均匀分布产生 x_{is};

(3) 对任意 i, s, 在 $[-v_{\max}, v_{\max}]$ 内服从均匀分布产生 v_{is};

(4) 对任意 i, 设 $y_i = x_i$.

PSO 算法的搜索性能取决于其全局探索和局部细化的平衡, 这在很大程度上依赖于算法的控制参数, 包括粒子群初始化、惯性因子 ω、最大飞翔速度 $v_{\max}$ 和加速常数 c_1, c_2 等. PSO 算法具有以下优点:

(1) 不依赖于问题信息, 采用实数求解, 算法通用性强;

(2) 需要调整的参数少, 原理简单, 容易实现;

(3) 协同搜索, 同时利用个体局部信息和群体全局信息指导搜索;

(4) 收敛速度快;

(5) 容易飞越局部最优信息. 对于目标函数仅能提供极少数搜索最优值的信息, 在其他算法无法辨别搜索方向的情况下, PSO 算法的粒子具有飞越性的特点使其能够跨过搜索平面上信息严重不足的障碍, 飞抵全局最优目标值.

同时, PSO 算法的缺点也是明显的:

(1) 算法局部搜索能力差, 搜索精度不够高.

(2) 算法不能绝对保证搜索到全局最优解, 主要原因: 一是有时粒子群在俯冲过程中会错失全局最优解; 二是应用 PSO 算法处理高维问题时, 算法可能会过早收敛, 也就是粒子群在没有找到全局最优信息之前会陷入停顿状态, 飞翔动力不足, 粒子群丧失多样性.

(3) 算法搜索性能对参数具有一定的依赖性, 参数调整不到位会直接影响搜索结果.

(4) PSO 算法是一种概率算法, 算法理论尚不完善.

5.5.2 算法流程及应用

PSO 算法流程如下:

第一步: 初始化一个规模为 m 的粒子群 (位置和速度)、惯性因子、加速常数、最大迭代次数和算法终止最小误差.

第二步: 评价计算每个粒子的初始适应值.

第三步: 对每个粒子将其适应值和其经历过的最好位置 p_{is} 的适应值进行比较, 若较好, 则将其作为当前的最好位置.

第四步: 对每个粒子将其适应值和全局经历过的最好位置 p_{gs} 的适应值进行比较, 若较好, 则将其作为当前全局最好位置.

第五步: 根据操作方程分别对粒子速度和位置进行更新.

第六步: 对每个粒子的飞翔速度进行限幅处理, 使之不能超过设定的最大飞翔速度.

第七步: 根据操作方程更新每个粒子当前所在位置.

第八步: 比较当前每个粒子的适应值是否比历史局部最优值好, 如果好, 则将当前粒子适应值作为粒子的局部最优值, 其对应的位置作为每个粒子局部最优值所在的位置.

第九步: 在当前群中找出全局最优值, 并将当前全局最优值对应的位置作为粒子群的全局最优值所在的位置.

第十步: 重复第五到九步, 直到满足设定的最小误差或者达到最低迭代次数.

第十一步: 输出粒子群全局最优值和其对应的位置, 以及每个粒子的局部最优值和其对应的位置.

PSO 算法范例

$$\max f(x) = 2.1(1 - x + 2x^2) \exp\left(-\frac{x^2}{2}\right), \quad x \in [-5, 5].$$

根据 PSO 算法思路, 编写 MATLAB 程序求解对应图形如图 5.11 所示.

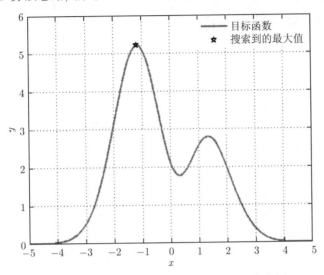

图 5.11 目标函数 PSO 算法搜索到的最大位置

MATLAB 程序实现:

```
function main()
clc;clear all;close all;
tic;  % 程序运行计时
E0=0.001;  % 允许误差
MaxNum=100;  % 粒子最大迭代次数
narvs=1;  % 目标函数的自变量个数
particlesize=30;  % 粒子群规模
c1=2;  % 每个粒子的个体学习因子,也称为加速常数
c2=2;  % 每个粒子的社会学习因子,也称为加速常数
w=0.6;  % 惯性因子
vmax=0.8;  % 粒子的最大飞翔速度
x=-5+10*rand(particlesize,narvs);  % 粒子所在的位置
v=2*rand(particlesize,narvs);  % 粒子的飞翔速度
% 用inline定义适应度函数以便将子函数文件与主程序文件放在一起
% 目标函数是:y=1+(2.1*(1-x+2*x.^2).*exp(-x.^2/2))
```

```
% inline命令定义适应度函数如下:
fitness=inline('1/(1+(2.1*(1-x+2*x.^2).*exp(-x.^2/2)))','x');
% inline定义的适应度函数会使程序运行速度大大降低
for i=1:particlesize
    for j=1:narvs
        f(i)=fitness(x(i,j));
    end
end
personalbest x=x;
personalbest faval=f;
[globalbest_faval i]=min(personalbest faval);
globalbest_x=personalbest x(i,:);
k=1;
while k<=MaxNum
    for i=1:particlesize
        for j=1:narvs
            f(i)=fitness(x(i,j));
        end
        if f(i)<personalbest_faval(i)  % 判断当前位置是否是历史
                上最佳位置
            personalbest_faval(i)=f(i);
            personalbest_x(i,:)=x(i,:);
        end
    end
[globalbest_faval i]=min(personalbest faval);
globalbest_x=personalbest x(i,:);
  for i=1:particlesize  % 更新粒子群里每个个体的最新位置
      v(i,:)=w*v(i,:)+c1*rand*(personalbest_x(i,:)-x(i,:))...
      +c2*rand*(globalbest_x-x(i,:));
      for j=1:narvs  % 判断粒子的飞翔速度是否超过了最大飞翔速度
        if v(i,j)>vmax;
            v(i,j)=vmax;
        elseif v(i,j)<-vmax;
            v(i,j)=-vmax;
          end
```

```
      end
      x(i,:)=x(i,:)+v(i,:);
    end
    if abs(globalbest faval)<E0
      break
    end
    k=k+1;
  end
Value1=1/globalbest_faval-1; Value1=num2str(Value1);
% strcat指令可以实现字符的组合输出
disp(strcat('the maximum value','=',Value1));
% 输出最大值所在的横坐标位置
Value2=globalbest_x; Value2=num2str(Value2);
disp(strcat('the corresponding coordinate','=',Value2));
x=-5:0.01:5;
y=2.1*(1-x+2*x.^2).*exp(-x.^2/2);
plot(x,y,'m-','linewidth',1.5);
hold on;
plot(globalbest_x,1/globalbest_faval-1,'kp','linewidth',2);
legend('目标函数','搜索到的最大值');xlabel('x');ylabel('y');
      grid on;toc;
```

命令窗口输出值为 the naximum value=5.1985,the corresponding coordinate= -1.1617.

5.5.3　关键参数说明

PSO 算法参数的选取, 一般遵循以下原则.

1. 粒子数 m

粒子数 m 一般取值 $20 \sim 40$. 实验表明, 对于多数问题, 30 个粒子即可, 对于一些特殊的问题, 可能需要 $100 \sim 200$ 个粒子. 粒子数量越多, 搜索范围越大, 越容易找到最优解, 但运行时间也就越长.

2. 惯性因子 ω

惯性因子对粒子群算法的收敛性起到很大的作用, ω 越大, 粒子飞翔幅度越大, 容易错失局部寻优能力, 而全局搜索能力越强. 反之, 则局部寻优能力增强, 而全局寻优能力减弱. 通过调整 ω 的大小来控制历史速度对当前速度的影响程度, 使其成为兼顾全局搜索和局部搜索的一个折中.

如果惯性因子是变量, 通常在迭代开始时设置大些, 然后在迭代过程中逐步减小. 这样可使粒子群在开始时搜索较大的解空间, 然后在后期逐渐收缩到较好的区域进行更精细的搜索, 以加快收敛速度和目标精度. ω 可以取 $[0,1]$ 的区间数. 如果惯性因子是定值, 建议取 $0.5 \sim 0.75$ 区间的合理值.

3. 加速常数 c_1, c_2

对于简单的问题, 一般情况下取 $c_1 = c_2 = 2.0$. 目前对于加速常数的确切取值学术界有分歧, 观点不尽一致. 如果 $c_1 = 0$, 则粒子没有自身经验, 只有社会经验, 它的收敛速度可能快一些, 但在处理较复杂问题时, 容易陷入局部最优点. 如果 $c_2 = 0$, 则粒子群没有群体共享信息, 只有自身经验, 因而得到最优解的概率非常小.

4. 最大飞翔速度 $v_{\max}$

PSO 算法是通过调整每次迭代时每个粒子在每一维上移动的距离来进行的. 速度的改变是随机的, 而不希望不受控制的粒子搜索轨道被扩展到问题空间越来越广阔的范围, 并最终达到无穷. 如果粒子要有效地进行搜索, 必须采取某些措施, 使搜索振幅得到衰减. 参数 $v_{\max}$ 有利于防止搜索范围毫无意义地发散, 防止粒子群由于飞翔速度而直接俯冲掠过最优目标值. 通常 $v_{\max}$ 设定为每维变化范围的 $10\% \sim 20\%$.

此外, 粒子群的飞翔速度和位置的初始化以及适应度的设计也会对算法产生一定的影响. 目前, 粒子群算法中的适应度函数设计主要是借鉴遗传算法适应度函数的设计方法.

5.6   差分进化算法

差分进化算法 (differential evolution algorithm, DE) 是一种新兴的进化计算技术, 由 Storn 等于 1995 年提出, 其最初的设想是用于解决切比雪夫多项式问题, 之后发现它也是解决复杂优化问题的有效技术.

差分进化算法是基于群体智能理论的优化算法, 是通过群体内个体间的合作与竞争而产生的智能优化搜索算法. 比较进化计算, 它保留了基于种群的全局搜索策略, 采用实数编码、基于差分的简单变异操作和 "一对一" 的竞争生存策略, 降低了进化计算操作的复杂性. 同时, 差分进化算法特有的记忆能力使其可动态跟踪当前搜索情况, 以调整其搜索策略, 具有较强的全局收敛能力和稳健性, 且不需要借助问题的特征信息, 适用于求解一些利用常规的数学规划方法难以求解甚至无法求解的复杂优化问题.

5.6.1 算法概述

差分进化算法是一种随机的启发式搜索算法, 简单易用, 有较强的鲁棒性和全局寻优能力. 从数学角度看是一种随机搜索算法, 从工程角度看是一种自适应的迭代寻优过程. 除了具有较好的收敛性外, 差分进化算法非常易于理解与执行, 它只包含不多的几个控制参数, 且在整个迭代过程中, 这些参数的值可以保持不变.

传统进化方法是用预先确定的概率分布函数决定向量扰动, 而差分进化算法的自组织程序利用种群中两个随机选择的不同向量来干扰一个现有向量, 种群中的每一个向量都要进行干扰. 差分进化算法利用一个向量种群, 其中种群向量的随机扰动可独立进行, 因此是并行的. 如果新的向量对应函数值的代价比它们的前辈代价小, 它们将取代前辈向量.

差分进化算法也对候选解的种群进行操作, 但其种群繁殖方案与其他进化算法不同: 它通过把种群中两个成员之间的加权向量加到第三个成员上来产生新的参数向量, 该操作称为 "变异"; 然后将变异向量的参数与另外预先确定的目标向量参数按一定规则混合来产生试验向量, 该操作称为 "交叉"; 最后, 若试验向量的代价函数比目标向量的代价函数低, 试验向量就在下一代中代替目标向量, 该操作称为 "选择". 种群中所有成员必须当作目标向量进行一次这样的操作, 以便在下一代中出现相同个数竞争者. 在进化过程中对每一代都需要进行最佳参数向量评价, 以记录最小化过程. 这样利用随机偏差扰动产生新个体的方式, 可以获得一个收敛性非常好的结果, 引导搜索过程向全局最优解逼近.

差分进化算法的优点主要表现在以下五个方面.

(1) 结构简单, 容易使用. 该算法主要通过差分变异算子进行遗传操作, 由于只涉及向量的加减运算, 因此很容易实现; 该算法采用概率转移规则, 不需要确定性的规则. 此外, 差分进化算法的控制参数少, 且这些参数对算法性能的影响研究比较深入, 得到了一些指导性建议, 因而可以方便使用人员根据问题选择较优的参数设置.

(2) 性能优越. 该算法具有较好的可靠性、高效性和鲁棒性, 对于大空间、非线性和不可求导的连续问题, 其求解效率比其他进化方法好.

(3) 自适应性. 差分进化算法的差分变异算子可以是固定常数, 也可以是具有变异步长和搜索方向自适应能力的量, 根据不同目标函数进行自动调整, 从而提高搜索质量.

(4) 具有内在并行性, 可协同搜索, 具有利用个体局部信息和群体全局信息指导算法进一步搜索的能力, 在同样精度要求下, 具有更快的收敛速度.

(5) 算法通用, 可直接对结构对象进行操作, 不依赖于问题信息, 不存在对目标函数的限定. 差分进化算法操作十分简单, 易于编程实现, 尤其是对于求解高维的函数优化问题.

5.6.2　算法流程及应用

基本差分算法的操作程序为: ①初始化; ②变异; ③交叉; ④选择; ⑤边界条件处理.

1. 初始化

差分进化算法利用 NP 个 (种群规模) 维数为 D 的实数值参数向量, 将它们作为每一代的种群, 每个个体表示为 $x_{i,G}$ $(i = 1, 2, \cdots, \text{NP})$, 其中 i 表示个体在种群中的序列, G 表示进化代数, 在最小化过程中, 种群规模 NP 保持不变.

为了建立优化搜索的初始点, 种群必须被初始化. 通常, 寻找初始种群的一个方法是从给定边界约束内的值随机选择. 在差分进化算法研究中, 一般假定所有随机初始化种群均符合均匀的概率分布. 设参数变量的界限为 $x_j^L < x_j < X_i^U$, 则

$$x_{ji,0} = \text{rand}[0,1](x_j^U - x_j^L) + x_j^L, \quad i = 1, 2, \cdots, \text{NP}; j = 1, 2, \cdots, D,$$

其中 $\text{rand}[0,1]$ 表示在 $[0,1]$ 之间产生的均匀随机数. 如果可以预先得到问题的初步解, 则初始种群也可以通过对初步解加入正态分布随机偏差来产生, 这样可以提高重建效果.

2. 变异

对于每个目标向量 $x_{i,G}$, 基本差分算法的变异向量由下式产生:

$$v_{i,G+1} = x_{r_1,G} + F(x_{r_2,G} - x_{r_3,G}),$$

这里随机选择序号 r_1, r_2, r_3 互不相同, 且它们与目标向量序号 i 也应不同, 所以必须满足 $Np \geqslant 4$; 变异算子 $F \in [0,2]$ 是一个实常数因数, 它控制偏差变量的放大作用.

3. 交叉

为了增加干扰参数向量的多样性, 引入交叉操作, 则试验向量变为

$$u_{i,G+1} = (u_{1i,G+1}, u_{2i,G+1}, \cdots, u_{Di,G+1}),$$

$$u_{ji,G+1} = \begin{cases} v_{ji,G+1}, & \text{rand}b(j) \leqslant \text{CR} \quad \text{或 } j = \text{rnbr}(i), \quad i = 1, 2, \cdots, \text{NP}; \\ x_{ji,G+1}, & \text{rand}b(j) > \text{CR} \quad \text{或 } j \neq \text{rnbr}(i), \quad j = 1, 2, \cdots, D. \end{cases}$$

这里 $\text{rand}b(j)$ 表示产生 $[0,1]$ 之间随机数发生器的第 j 个估计值, $\text{rnbr}(i) \in (1, 2, \cdots, D)$ 表示一个随机选择的序列, 用它来确保 $u_{i,G+1}$ 至少从 $v_{i,G+1}$ 获得一个参数, CR 表示交叉算子, 其值范围为 $[0,1]$.

4. 选择

为决定试验向量 $u_{i,G+1}$ 是否会成为下一代的成员, 差分进化算法按照贪婪准则将试验向量与当前种群中的目标向量 $x_{i,G}$ 进行比较. 如果目标函数要被最小化, 那么具有较小目标函数值的向量将在下一代种群中出现. 下一代中的所有个体都比当前种群的对应个体更佳或者至少一样好. 注意, 在差分进化算法选择程序中, 试验向量只与一个个体相比较, 而不是与现有种群中的所有个体相比较.

5. 边界条件处理

在有边界约束的问题中, 必须保证产生新个体的参数值位于问题的可行域中, 一个简单方法是将不符合边界约束的新个体用在可行域中随机产生的参数向量代替, 即若 $u_{ji,G+1} < x_j^L$ 或 $x_{ji,G+1} > x_j^U$, 那么

$$u_{ji,G+1} = \text{rand}[0,1](x_j^U - x_j^L) + x_j^L, \quad i = 1,2,\cdots,\text{NP}; j = 1,2,\cdots,D.$$

另一个处理方法是进行边界吸收处理, 即将超过边界约束条件的个体值设置为临近的边界值.

以上是最基本的操作程序, 实际应用中还发展了其他变形形式 (主要变异层次)

$$v_{i,G+1} = x_{\text{best},G} + F(x_{r_1,G} - x_{r_2,G}),$$
$$v_{i,G+1} = x_{i,G} + \lambda(x_{\text{best},G} - x_{i,G}) + F(x_{r_1,G} - x_{r_2,G}),$$
$$v_{i,G+1} = x_{\text{best},G} + F(x_{r_1,G} - x_{r_2,G} + x_{r_3,G} - x_{r_4,G}),$$
$$v_{i,G+1} = x_{r_5,G} + F(x_{r_1,G} - x_{r_2,G} + x_{r_3,G} - x_{r_4,G}).$$

差分进化算法流程:

(1) 确定差分进化算法的控制参数和所要采取的具体策略, 控制参数包括: 种群数量、变异算子、交叉算子、最大进化代数、终止条件等.

(2) 随机产生初始种群, 进化代数 $k = 1$.

(3) 对初始种群进行评价, 即计算初始种群中每个个体的目标函数值.

(4) 判断是否达到终止条件或达到最大进化代数: 若是, 则进化终止, 将此时的最佳个体作为解输出; 否则继续下一步操作.

(5) 进行变异操作和交叉操作, 对边界条件进行处理, 得到临时种群.

(6) 对临时种群进行评价, 计算临时种群中每个个体的目标函数值.

(7) 对临时种群中的个体和原种群中对应的个体进行"一对一"的选择操作, 得到新种群.

(8) 进化代数 $k = k + 1$, 返回步骤 (4).

例 5.7　计算函数 $f(x) = \sum\limits_{i=1}^{10} x_i^2 \ (-20 \leqslant x_i \leqslant 20)$ 的最小值. 这里, x 的维数为

10, 函数只有一个极小值 $f(0) = 0$.

解   仿真过程如下:

(1) 初始化个体数目 NP = 50, 变量维数 $D = 10$, 最大进化代数 $G = 200$, 初始变异算子 $F_0 = 0.4$, 交叉算子 CR = 0.1, 阈值 $yz = 10^{-6}$.

(2) 产生初始种群, 计算个体目标函数: 进行变异操作、交叉操作、边界条件处理, 产生临时种群, 其中变异操作采用自适应变异算子, 边界条件处理采用在可行域中随机产生参数向量的方式.

(3) 计算临时种群个体目标函数, 与原种群对应个体进行 "一对一" 选择操作, 产生新种群.

(4) 判断是否满足终止条件: 若满足则结束搜索过程, 输出优化值; 若不满足, 则继续迭代优化.

优化结果为

$$x_0 = (0.0007, -0.0010, 0.0014, -0.0007, 0.0015, -0.0005,$$
$$-0.0001, -0.0008, -0.0019, -0.0011),$$

函数值为 $f(x_0) = 2.713 \times 10^{-6}$, DE 目标函数曲线见图 5.12.

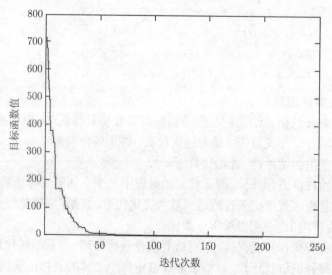

图 5.12   DE 目标函数曲线

MATLAB 程序:

```
clear all; clc; close all;
NP=50; D=10; G=200; F0=0.4; CR=0.1; yz=10^-6;  % 关键参数
Xs=20; Xx=-20;  % 变量上、下限
```

```
% 赋初值
x=zeros(D,NP); v=zeros(D,NP); u=zeros(D,NP);
x=rand(D,NP)*(Xs-Xx)+Xx;
% 计算目标函数
for m=1:NP
    Ob(m)=func1(x(:,m));
end
trace(1)=min(Ob);
% 差分进化循环
for gen=1:G
    lambda=exp(1-G/(G+1-gen));
    F=F0*2^lambda;
    for m=1:NP
      r1=randint(1,1,[1,NP]);
      while (r1==m)
       r1=randint(1,1,[1,NP]);
  end
  r2=randint(1,1,[1,NP]);
  while (r2==m)j(r2==r1)
   r2=randint(1,1,[1,NP]);
  end
  r3=randint(1,1,[1,NP]);
  while (r3==m)j(r3==r1)j(r3==r2)
   r3=randint(1,1,[1,NP]);
  end
  v(:,m)=x(:,r1)+F*(x(:,r2)-x(:,r3));
end
% 交叉操作
r=randint(1,,1[1,D]);
for n=1:D
  cr=rand(1);
  if (cr<=CR)j(n==r)
    u(n,:)=v(n,:);
  else
    u(n,:)=x(n,:)
```

```
    end
 end
% 边界条件处理
for n=1:10
  for m=1:NP
    if (u(n,m)<Xx)j(u(n,m)>Xs)
        u(n,m)=rand*(Xs-Xx)+Xx;
    end
  end
end
% 选择操作
for m=1:NP
  Ob1(m)=func1(u(:,m));
end
for m=1:NP
  if Ob1(m)<Ob(m)
      x(:,m)=u(:,m);
  end
end
for m=1:NP
  Ob(m)=func1(x(:,m));
end
    trace(gen+1)=min(Ob);
    if min(Ob(m))<yz
       break
    end
end
[ScortOb,Index]=sort(Ob);
x=x(:,Index);
X=X(:,1);  % 最优变量
y=min(Ob);  % 最优值
% 适应度函数
plot(trace)
xlabel('迭代次数')
ylabel('目标函数值')
```

```
function result cf=fun cf(x)
summ=sum(x.2);
result cf=summ;
end
```

5.6.3 关键参数说明

控制参数对全局优化算法的影响是很大的, 差分进化算法的控制参数选择有一定的经验规则.

1. 种群数量 NP

一般情况下, 种群规模 NP 越大, 其中的个体就越多, 种群的多样性也就越好, 寻优的能力就越强, 但也因此增加了计算的难度. 所以 NP 不能取得太大. 根据经验, 种群数量 NP 合理选择为 $5D \sim 10D$, 且必须 $NP \geqslant 4$, 以确保差分进化算法具有足够的不同变异向量.

2. 变异算子 F

变异算子 $F \in [0,2]$ 是一个实常数因子, 它决定偏差向量的放大比例. 变异算子过小, 则可能造成算法"早熟". 随着 F 值的增大, 防止算法陷入局部最优的能力增强, 但当 $F > 1$ 时, 想要算法快速收敛到最优值会变得十分不易. 这是由于当差分向量的扰动大于两个个体之间的距离时, 种群的收敛性会变得很差. 目前的研究表明, $F < 0.4$ 或 $F > 1$ 偶尔有效, $F = 0.5$ 通常是一个较好的初始选择. 若种群过早收敛, 那么 F 或 NP 应该增大.

3. 交叉算子 CR

交叉算子 CR 是一个区间 $[0,1]$ 取值的实数, 它控制着一个试验向量参数来自于随机选择的变异向量而不是原来向量的概率. CR 越大, 发生交叉的可能性就越大, 它一个较好的选择是 0.1. 但较大的 CR 通常会加速收敛, 为了检验是否可能快速得到一个解, 可先尝试 $CR = 0.9$ 或 $CR = 1.0$.

4. 最大进化代数 G

最大进化代数 G 是表示差分进化算法运行结束条件的一个参数, 表示算法运行到指定的进化代数之后停止运行, 并将当前群体中的最佳个体作为所求问题的最优解输出, 一般 G 取 $100 \sim 100$.

5. 终止条件

除最大进化代数可作为终止条件外, 还可以增加其他判断准则. 一般当目标函数值小于阈值时程序终止, 阈值常选为 10^{-6}.

5.7 禁忌搜索算法

禁忌搜索 (tabu search, TS) 算法的思想最早由美国 Glover 教授于 1986 年提出, 并在自然计算领域中以其灵活的存储结构和相应的禁忌准则避免迂回搜索, 在智能算法中独树一帜, 成为一个研究热点. 所谓禁忌, 就是禁止重复前面的操作. 为了改进局部邻域搜索容易陷入局部最优点的不足, 禁忌搜索算法引入禁忌表, 记录下已经搜索过的局部最优点, 在下一次搜索中, 对禁忌表的信息不再搜索或有选择搜索, 以此跳出局部最优点, 从而最终实现全局优化. 禁忌搜索算法是对局部邻域搜索的一种扩展, 是一种全局邻域搜索、逐步寻优的算法.

5.7.1 算法概述

TS 算法是一种迭代搜索算法, 它区别于其他算法的显著特点是利用记忆来引导算法的搜索过程, 对人类智力过程的一种模拟, 是人工智能的一种体现. TS 算法涉及邻域、禁忌表、禁忌长度、候选解、藐视准则等概念, 在邻域搜索基础上, 通过禁忌准则来避免重复搜索、藐视准则来避免一些被禁忌的优良状态, 进而保证多样化的有效搜索来最终实现全局优化.

TS 算法是模拟人的思维的一种智能搜索算法, 即人们对已经搜索过的地方不会再立即搜索, 而是到其他地方进行搜索. 若没有找到, 可再搜索已到过的地方. TS 算法从一个初始可行解出发, 选择一系列特定的搜索方向 (或称为"移动") 作为试探, 选择使目标函数值减小最大的移动. 为了避免陷入局部最优解, 禁忌搜索采用了一种灵活的"记忆"技术, 即对已经进行优化过程进行记录, 指导下一步的搜索方向, 这就是禁忌表的建立. 禁忌表中保存了最近若干迭代过程中所实现的移动, 凡是处于禁忌表中的移动, 在当前迭代过程中是禁忌进行的, 这样可以避免算法重新访问在最近若干次迭代过程中已经访问过的解, 从而防止循环, 帮助算法摆脱局部最优解. 另外, 为了尽可能不错过产生最优解的"移动", 禁忌搜索还采用"特赦准则"的策略.

对一个初始解, 在一种邻域范围内对其进行一系列变化, 从而得到许多候选解. 从这些候选解中选出最优候选解, 将候选解对应的目标值与"best so far"状态进行比较. 若其目标值优于"best so far"状态, 就将该候选解解禁, 用来代替当前最优解及其"best so far"状态, 然后将其加入禁忌表, 再将禁忌表中相应对象的禁忌长度改变. 如果所有候选解中所对应的目标值都不存在优于"best so far"状态, 就从这些候选解中选出不属于禁忌对象的最佳状态, 并将其作为新的当前解, 不用与当前最优解进行比较, 直接将其所对应的对象作为禁忌对象, 并将禁忌表中相应对象的禁忌长度进行修改.

TS 算法的主要特点有:

(1) 得到的新解不是在当前解的邻域内随机产生, 它要么优于 "best so far" 的解, 要么为非禁忌的最佳解, 因此选取优良解的概率远大于其他非优良解的概率.

(2) 由于 TS 算法具有灵活的记忆功能和藐视准则, 并且在搜索过程中可以接受非优良解, 所以具有较强的 "爬山" 能力, 搜索时能够跳出局部最优解, 转向解空间的其他区域, 从而增大获得更好的全局最优解的概率. 因此,TS 算法是一种局部搜索能力很强的全局迭代寻优算法.

5.7.2 算法流程及应用

TS 算法的主要流程如下.

(1) 给定禁忌搜索算法参数, 随机产生初始解 x, 置禁忌表为空.

(2) 判断算法终止条件是否满足: 若满足, 则结束算法并输出优化结果; 否则继续以下步骤.

(3) 利用当前解的邻域函数产生其所有 (或若干) 邻域解, 并从中确定若干候选解.

(4) 对候选解判断藐视准则是否满足: 若满足则用满足藐视准则的最佳状态 y 替代 x 成为新的当前解, 并用与 y 对应的禁忌对象替换最早进入禁忌表中禁忌对象, 同时用 y 替换 "best so far" 状态, 然后转步骤 (6); 否则继续以下步骤.

(5) 判断候选解对应的各对象的禁忌属性, 选择候选解集中非禁忌对象对应的最佳状态为新的当前解, 同时用与之对应的禁忌对象替换最早进入禁忌表的禁忌对象.

(6) 判断算法终止条件是否满足: 若满足则结束算法并输出优化结果; 否则转步骤 (3).

例 5.8 求函数 $f(x,y) = \dfrac{\cos(x^2 + y^2) - 0.1}{1 + 0.3(x^2 + y^2)^2} + 3$ 的最大值, 其中 $x, y \in [-5, 5]$. 这是一个有多个局部极值的函数.

解 仿真过程如下:

(1) 初始化禁忌长度 TabuL 为 $5 \sim 11$ 的随机整数, 邻域解个数 Ca = 5, 最大迭代次数 $G = 200$, 禁忌表为 Tabu.

(2) 随机产生一个初始解, 计算其适配值, 记为当前最优解 bestsofar 和当前解 xnow, 产生 5 个邻域解, 计算其适配值, 将其中最优解作为候选解 candidate.

(3) 计算候选解 candidate 与当前解 xnow 的差值 delta1, 以及它与目前最优解 bestsofar 的差值 delta2, 当 delta<0 时, 把候选解 candidate 赋给下一次迭代的当前解 xnow, 并更新禁忌表 Tabu.

(4) 当 delta1> 0, delta2> 0 时, 把候选解 candidate 赋给下一次迭代的当前解

xnow 和目前最优解 bestsofar, 并更新禁忌表 Tabu.

(5) 当 delta1> 0, delta2< 0 时, 判断候选解 candidate 是否在禁忌表中: 若在, 则用当前解 xnow 重新产生邻域解, 否则把候选解 candidate 赋给下一次迭代当前解 xnow, 并更新禁忌表 Tabu.

(6) 判断是否满足终止条件: 若满足, 则结束搜索过程, 输出优化值; 若不满足, 则继续进行迭代优化.

优化搜索结果为 $x = 0.045, y = -0.0366, \max f(x, y) = 3.9$, 搜索过程见图 5.13, 其 MATLAB 程序如下:

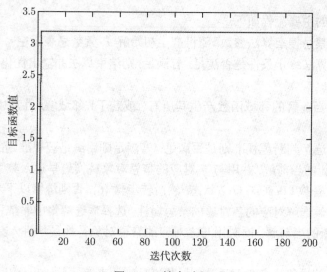

图 5.13   搜索过程

```
clc; clear all; close all;
xu=5; xl=-5;
L=randint(1,1,[5,11]);  % 禁忌长度取[5,11]之间随机数
Ca=5; G=200; w=1; tabu=[ ];  % 禁忌表
x0=rand(1,2)*(xu-xl)+xl;  % 随机产生初始解
bestsofar.key=x0;  % 最优解
xnow(1).key=x0;  % 当前解
bestsofar.value=func2(bestkey);
g=1;
while g<G
    x_near=[ ];  % 邻域解
    w=w*w*0.998;
```

```
for i=1:Ca
  x_temp=xnow(g).key;
  x1=x_temp(1); x2=x_temp(2);
  x_near(i,1)=x1+(2*rand-1)*w*(xu-xl);
  % 边界条件处理
  if x_near(i,1)<xl
      x_near(i,1)=xl;
  end
  if x_near(i,1)>xu
      x_near(i,1)=xu;
  end
  x_near(i,2)=x2+(2*rand-1)*w*(xu-xl);
  if x_near(i,2)<xl
      x_near(i,2)=xl;
  end
  if x_near(i,2)>xu
      x_near(i,2)=xu;
  end
  % 计算邻域解点的函数值
  fitvalue near(i)=func2(x_near(i,:));
end
% 最优邻域解点的候选解
temp=find(fitvalue near==max(fitvalue near));
candidate(g).key=x near(temp,:);
candidate(g).value=func2(candidate(g).key);
% 候选解与当前解的平均函数差
delta1=candidate(g).value-xnow(g).value;
% 候选解与当前最优解的平均函数差
delta2=candidate(g).value-bestsofar.value;
if delta1<=0
    xnow(g+1).key=candidate(g).key;
    xnow(g+1).value=func2(xnow(g).key);
    tabu=[tabu;xnow(g+1).key];
    if size(tabu,1)>L
        tabu(1,:)=[ ];
```

```
                end
            g=g+1;
        else
          if delta2> 0;
              xnow(g+1).key=candidate(g).key;
              xnow(g+1).value=func2(xnow(g+1).key);
              tabu=[tabu;xnow(g+1).key];
              if size(tabu,1)>L
                  tabu(1,:)=[ ];
              end
              bestsofar.key=candidate(g).key;
              bestsofar.value=func2(bestsofar.key);
              g=g+1;
          else
          [M,N]=size(tabu);
          r=0;
          for m=1:M
            if candidate(g).key(1)==tabu(m,1)& cnadidate(g).
                          key(2)==tabu(m,1)
              r=1;
            end
            if r==0
                xnow(g+1).key=candidate(g).key;
                xnow(g+1).value=func2(xnow(g+1).key);
                tabu=[tabu;xnow(g).key]; if size(tabu,1)>L
                tabu=[ ];
            end
          end
          g=g+1;
        else
          xnow(g).key=xnow(g).key;
          xnow(g).value=func2(xnow(g).key);
          end
      end
end
bestsofar;
```

```
% 适配值函数
function y=func2(x)
y=(cos(x(1)^2+x(2)^2)-0.1)/(1+0.3*(x(1)^2+x(2)^2))+3;
end
```

5.7.3 关键参数说明

一般来讲, 要设计一个 TS 算法, 需要确定: 初始解、适配值函数、邻域结构、禁忌对象、候选解选择、禁忌表、禁忌长度、藐视准则、搜索策略、终止准则等. 针对不同领域的具体问题, 很难有一套比较完善的方法确定这些参数.

(1) 初始解. TS 算法可以随机给出初始解, 也可以事先使用其他算法给出一个较好的初始解. 由于 TS 算法主要基于邻域搜索, 初始解的好坏对搜索性能影响很大. 尤其是一些带有复杂约束的优化问题, 如果随机给出的初始解很差, 甚至通过多步搜索也很难找到一个可行解, 这时应针对特定的复杂约束, 采用其他方法找出一个可行解作为初始解.

(2) 适配值函数. TS 的适配值函数用于对搜索进行评价, 进而结合禁忌准则和特赦准则来选取新的当前状态. 目标函数值和它的任何形式都可以作为适配值函数. 若目标函数的计算比较困难或耗时较长, 此时可采用反映问题目标的某些特征值作为适配值, 进而改善算法的时间性能. 选取何种特征值视具体问题而定, 但必须保证特征值的最佳性与目标函数的最优性一致. 适配值函数的选择主要考虑提高算法的效率, 便于搜索的进行.

(3) 邻域结构. 邻域结构是指一个解 (当前解) 通过 "移动" 产生另一个解 (新解) 的途径, 它是保证搜索产生优良解和影响算法搜索速度的重要因素之一. 邻域结构的设计通常与问题有关, 对不同的问题应采用不同的设计方法, 常用的设计方法包括互换、插值、逆序等. 不同的 "移动" 方式将导致邻域解个数及其变化情况不同, 对搜索质量和效率有一定的影响.

(4) 禁忌对象. 禁忌对象是被置入禁忌表中的那些变化元素. 禁忌的目的是尽量避免迂回搜索而多搜索一些解空间中的其他地方. 总之, 禁忌对象通常可选取状态本身或状态分量等.

(5) 候选解对象. 候选解通常在当前状态的邻域中择优选取, 若选取过多将造成较大的计算量, 而选取过少则容易 "早熟" 收敛. 具体数据大小视问题特征和对象算法的要求确定.

(6) 禁忌表. 禁忌表的主要目的是阻止搜索过程中出现循环和避免陷入局部最优, 它通常记录前若干次的移动, 禁止这些移动在近期内返回. 在迭代固定次数后, 禁忌表释放这些移动, 重新参加运算, 因此它是一个循环表, 每迭代一次, 将最近的一次移动放在禁忌表的末端, 而它的最早的一个移动就从禁忌表中释放出来.

(7) 禁忌长度. 所谓禁忌长度, 是指禁忌对象在不考虑特赦准则情况下不允许被选取的最大次数, 也就是禁忌对象在禁忌表中的任期. 禁忌对象只有在当前任期为 0 时才被解禁. 在算法的设计和构造中, 一般要求计算量和存储量尽量小, 这就要求禁忌长度尽量小. 禁忌长度可以固定 (例如, 取 $\sqrt{n}$, n 为问题维数或规模), 也可以动态变化.

(8) 藐视准则. 在 TS 算法中, 可能会出现候选解全部被禁忌, 或者存在一个优于 "best so far" 状态的禁忌候选解, 此时特赦准则将某些状态解禁, 以实现更高效的优化性能. 常用方式有两个, 一是基于适配值的原则: 某个禁忌候选解的适配值优于 "best so far" 状态, 则解禁此候选解为当前状态和新的 "best so far" 状态; 二是基于搜索方向的准则: 若禁忌对象上次被禁忌时使得适配值有所改善, 且目前该禁忌对象对应的候选解的适配值优于当前解, 则该禁忌对象解禁.

(9) 搜索策略. 搜索策略分集中性搜索策略和多样性搜索策略. 集中性搜索策略用于加强对优良解的邻域的进一步搜索, 其简单的处理手段可以是在一定步数迭代后基于最佳状态重新进行初始化, 并对其邻域进行再次搜索. 在大多数情况下, 重新初始化后的邻域空间与上一次的邻域空间是不一样的, 当然也就有一部分邻域空间可能重叠. 多样性搜索策略则用于拓宽搜索区域, 尤其是未知区域, 其简单处理方式可以是对算法重新随机初始化, 或者根据频率信息对一些已知对象进行惩罚.

(10) 终止准则. TS 算法需要一个终止准则以结束算法的搜索进程, 常用方法: ①给定最大迭代步数. 当禁忌搜索算法运行到指定迭代步数后, 则终止搜索; ②设定某个对象的最大禁忌频率. 若某个状态、适配值或对换等对象的禁忌频率超过某一阈值, 或最佳适配值连续若干步保持不变, 则终止算法; ③设定适配值的偏离阈值. 首先估计问题的下界, 一旦算法中最佳适配值与下界的偏离值小于某规定阈值, 则终止搜索.

习 题 5

1. 请用遗传算法计算函数 $f(x) = x^3 \cos x (-1.57 \leqslant x \leqslant 20.18)$ 的最大值、最小值.

2. 请用神经网络模型求解例 4.19(油气产量和可采储量预测).

3. 已知 100 个目标的经、纬度如表 5.6 所示, 某基地经纬度为 (70, 40). 假设从基地起飞的飞机速度为 1000 km/h, 侦查完所有目标后返回基地, 若在每一目标点的侦查时间不计, 请用三种以上智能优化算法分别求该飞机所用时间 (假设飞机巡航时间有保证), 并画飞行路线图.

表 5.6 100 个目标的经纬度数据表

经度	纬度	经度	纬度	经度	纬度	经度	纬度
53.7121	15.3046	51.1758	0.0322	46.3253	28.2753	20.3313	6.9348
56.5432	21.4188	10.8198	16.2529	22.7891	23.1045	10.1584	12.4819
20.1050	15.4562	1.9451	0.2057	26.4951	22.1221	31.4847	8.9640
26.2418	18.1760	44.0356	13.5401	28.9836	25.9879	38.4722	20.1731
28.2694	29.0011	32.1910	5.8699	36.4863	29.7284	0.9718	28.1477
8.9586	24.6635	16.5618	23.6143	10.5597	15.1178	50.2111	10.2944
8.1519	9.5325	22.1075	18.5569	0.1215	18.8726	48.2077	16.8889
31.9499	17.6309	0.7732	0.4656	47.4134	23.7783	41.8671	3.5667
43.5474	3.9061	53.3524	26.7256	30.8165	13.4595	27.7133	5.0706
23.9222	7.6306	51.9612	22.8511	12.7938	15.7307	4.9568	8.3669
21.5051	24.0909	15.2548	27.2111	6.2070	5.1442	49.2430	16.7044
17.1168	20.0354	34.1688	22.7571	9.4402	3.9200	11.5812	14.5677
52.1181	0.4088	9.5559	11.4219	24.4509	6.5634	26.7213	28.5667
37.5848	16.8474	35.6619	9.9333	24.4654	3.1644	0.7775	6.9576
14.4703	13.6368	19.8660	15.1224	3.1616	4.2428	18.5245	14.3598
58.6849	27.1485	39.5168	16.9371	56.5089	13.7090	52.5211	15.7957
38.4300	8.4648	51.8181	23.0159	8.9983	23.6440	50.1156	23.7816
13.7909	1.9510	34.0574	23.3960	23.0624	8.4319	19.9857	5.7902
0.8801	14.2978	58.8289	14.5229	18.6635	6.7436	52.8423	27.2880
9.9494	29.5114	47.5099	24.0664	10.1121	27.2662	28.7812	27.6659
8.0831	27.6705	9.1556	14.1304	53.7989	0.2199	33.6490	0.3980
1.3496	16.8359	49.9816	6.0828	19.3635	17.6622	36.9545	23.0265
15.7320	19.5697	11.5118	17.3884	44.0398	16.2635	39.7139	28.4203
6.9909	23.1804	38.3392	19.9950	24.6543	19.6057	36.9980	24.3992
4.1591	3.1853	40.1400	20.3030	23.9876	9.4030	41.1084	27.7194

4. 某旅游爱好者, 选择了 84 个城市 (经纬度见表 5.7) 从某地出发自驾旅行再回到原地, 假定车速保持 90 km/h, 请至少选用两种智能优化算法计算其驾车所需时间, 并给出旅游计划、画出路线图. 如果出发地改为北京呢?

表 5.7 84 个城市经纬度数据表

城市	经度	纬度	城市	经度	纬度	城市	经度	纬度
北京	116:28E	39:54N	梧州	111:18E	23:28N	海拉尔	119:43E	49:14N
青岛	120:19E	36:04N	哈尔滨	126:38E	45:45N	汕头	116:40E	23:21N
天津	117:10E	39:10N	成都	104:04E	30:39N	沈阳	123:23E	41:48N
郑州	113:42E	34:44N	齐齐哈尔	123:55E	47:22N	韶关	113:33E	24:48N
石家庄	114:26E	38:03N	重庆	106:33E	29:33N	大连	121:38E	38:54N
开封	114:23E	34:52N	牡丹江	129:36E	44:35N	海口	110:10E	20:03N

续表

城市	经度	纬度	城市	经度	纬度	城市	经度	纬度
保定	115:28E	38:53N	上海	121:26E	31:12N	鞍山	123:00E	41:04N
洛阳	112:26E	34:43N	泸州	105:27E	28:54N	南宁	108:21E	22:47N
唐山	118:09E	39:37N	南京	118:46E	32:03N	锦州	121:09E	41:09N
许昌	113:48E	34:00N	无锡	120:18E	31:35N	桂林	110:10E	25:18N
秦皇岛	119:37E	39:54N	贵阳	106:43E	26:34N	长春	125:18E	43:55N
新乡	113:54E	35:18N	苏州	120:39E	31:20N	柳州	109:19E	24:20N
张家口	114:55E	40:51N	遵义	106:53E	27:45N	吉林	126:36E	43:48N
武汉	114:20E	30:37N	徐州	117:12E	34:16N	烟台	121:20E	37:52N
承德	117:52E	40:59N	昆明	102:42E	25:03N	天水	105:33E	34:35N
宜昌	111:15E	30:42N	杭州	120:10E	30:15N	福州	119:19E	26:02N
太原	112:33E	37:51N	拉萨	91:02E	29:39N	酒泉	98:30E	39:44N
沙市	112:17E	30:16N	宁波	121:34E	29:53N	厦门	118:04E	24:26N
大同	113:13E	40:07N	日喀则	88:49E	29:16N	西宁	101:49E	36:37N
长沙	112:55E	28:12N	温州	120:38E	28:00N	泉州	118:37E	24:54N
临汾	111:31E	36:05N	西安	108:55E	34:15N	银川	106:13E	38:28N
衡阳	112:34E	26:55N	金华	119:49E	29:10N	南昌	115:53E	28:41N
长治	113:13E	36:05N	宝鸡	107:09E	34:21N	乌鲁木齐	87:36E	43:46N
湘潭	112:51E	27:54N	合肥	117:16E	31:51N	九江	115:59E	29:43N
呼和浩特	111:38E	40:48N	延安	109:26E	36:35N	哈密	93:27E	42:50N
常德	111:39E	29:00N	芜湖	118:20E	31:21N	赣州	114:56E	25:51N
包头	110:00E	40:35N	兰州	103:50E	36:03N	喀什	75:59E	39:27N
广州	113:18E	23:10N	安庆	117:02E	30:32N	济南	117:02E	36:40N

5. 已知美国人口数据如表 5.8 所示, 请建立神经网络模型预测 2020 年美国人口总量.

表 5.8 美国人口数据

年份	1790	1800	1810	1820	1830	1840	1850	1860	1870	1880	1890	1900
实际人口	3.9	5.3	7.2	9.6	12.9	17.1	23.2	31.4	38.6	50.2	62.9	76

年份	1910	1920	1930	1940	1950	1960	1970	1980	1990	2000	2010
实际人口	92	105.7	122.8	131.7	150.7	179.3	203.2	226.5	248.7	281.4	308.7

6. 利用遗传算法求函数最小值:

$$\min f(x, y) = 3x^4 + y^4 - 7x - 3y + 19,$$
$$\text{s.t.} \begin{cases} 10 - x^2 - y^2 \geqslant 0, \\ x \geqslant 0, \quad y \geqslant 0. \end{cases}$$

7. 实施最低工资制度, 对维护市场经济秩序, 规范企业的工资分配行为, 有效保护劳动者的合法权益等方面具有重要意义, 请建立最低工资标准的数学模型; 依据你的结果向有关主管部门写份 500 字左右的建议报告.

参 考 文 献

包子阳, 余继周. 2016. 智能优化算法及其 MATLAB 实例. 北京: 电子工业出版社.

姜启源, 谢金星. 2014. 实用数学建模. 北京: 高等教育出版社.

李伯德, 李振东. 2014. MATLAB 与数学建模. 北京: 科学出版社.

李心灿. 1997. 高等数学应用 205 例. 北京: 高等教育出版社.

李学文, 王宏洲, 李炳照. 2017. 数学建模优秀论文精选与点评. 北京: 清华大学出版社.

刘法贵. 2017. 高等数学. 北京: 科学出版社.

刘法贵, 张愿章, 李湘露. 2002. 灰色数学及其应用. 开封: 河南大学出版社.

秦喜文, 董小刚. 2016. 数学实验 (MATLAB 版). 北京: 科学出版社.

沈世云, 杨春德. 2016. 数学建模理论与方法. 北京: 清华大学出版社.

司守奎, 孙兆亮. 2017. 数学建模算法与应用. 2 版. 北京: 国防工业出版社.

王艳君, 赵明华, 李文斌. 2011. 线性代数实验教程. 北京: 清华大学出版社.

肖华勇. 2015. 大学生数学建模. 北京: 电子工业出版社.

徐茂良, 刘睿. 2015. 数学建模与数学实验. 北京: 国防工业出版社.

薛定宇, 陈阳泉. 2013. 高等应用数学问题的 MATLAB 求解. 3 版. 北京: 清华大学出版社.

阎少宏, 王红. 2018. 模糊数学基础及应用. 北京: 化学工业出版社.

杨春德, 郑继明, 张清华, 等. 2009. 数学建模的认识与实践. 重庆: 重庆大学出版社.

余胜威. 2015. MATLAB 数学建模经典案例实践. 北京: 清华大学出版社.

卓金武. 2014. MATLAB 在数学建模中的应用. 2 版. 北京: 北京航空航天大学出版社.